PAPE LATYR FAYE

DETERMINANTES DA ENTREGA DOMICILIAR

PAPE LATYR FAYE

DETERMINANTES DA ENTREGA DOMICILIAR

Análise baseada em população sob vigilância demográfica e sanitária

ScienciaScripts

Imprint

Any brand names and product names mentioned in this book are subject to trademark, brand or patent protection and are trademarks or registered trademarks of their respective holders. The use of brand names, product names, common names, trade names, product descriptions etc. even without a particular marking in this work is in no way to be construed to mean that such names may be regarded as unrestricted in respect of trademark and brand protection legislation and could thus be used by anyone.

Cover image: www.ingimage.com

This book is a translation from the original published under ISBN 978-620-6-69524-0.

Publisher:
Sciencia Scripts
is a trademark of
Dodo Books Indian Ocean Ltd. and OmniScriptum S.R.L publishing group

120 High Road, East Finchley, London, N2 9ED, United Kingdom
Str. Armeneasca 28/1, office 1, Chisinau MD-2012, Republic of Moldova, Europe
Printed at: see last page
ISBN: 978-620-7-63408-8

ÍNDICE

Resumo

No Senegal, segundo os dados do Inquérito Demográfico e de Saúde de 2019 (EDS - 2019) publicados pela Agence Nationale de la Statistique et de la Démographie (ANSD), a proporção de mulheres que recorreram a uma instituição de saúde durante o parto passou de 62% em 2005 para 80% em 2019. No observatório de Niakhar, a utilização dos cuidados de saúde durante a gravidez e o parto evoluiu de forma bastante lenta ao longo do tempo. No SSDS de Niakhar, a taxa de utilização dos cuidados de saúde durante o parto foi de 11% entre 1988 e 1992; 16% em 1998 e 2002; 34% em 2008 e 2012, e 57% em 2017, apesar de uma oferta de cuidados de saúde aceitável, mas com uma distribuição muito diferenciada segundo as unidades geográficas. A taxa de partos domiciliários no observatório de Niakhar é inferior à taxa nacional. Este estudo é transversal, descritivo e explicativo, com o objetivo de identificar os factores que explicam a não utilização da assistência médica ao parto na área do Observatório de Niakhar. Foram utilizados dados retrospectivos do banco de dados do Niakhar para calcular as proporções de partos domiciliares no período de 1983 a 2020. O teste do qui-quadrado e a regressão logística binária foram utilizados, respetivamente, aos níveis descritivo e explicativo, em dados qualitativos provenientes de um inquérito de campo às mulheres no SSDS - Niakhar, realizado por mim no âmbito deste trabalho. A análise foi efectuada sobre as seguintes variáveis: paridade atingida, estado civil, número de ANC durante a última gravidez, nível de educação, casta da mulher, idade da mulher, situação económica da mulher.

Palavras-chave: Assistência médica; parto no domicílio; mulheres; observatório de Niakhar; Senegal

INTRODUÇÃO

Embora a maternidade seja frequentemente uma experiência positiva e satisfatória, é infelizmente, para demasiadas mulheres, sinónimo de sofrimento, doença e mesmo morte (OMS, 2018). As mulheres perdem a vida devido a complicações que surgem durante ou após a gravidez e o parto. A maioria destas complicações surge durante a gravidez e poderia ser evitada ou tratada. As principais complicações, responsáveis por 75% das mortes maternas, incluem: hemorragia grave (especialmente após o parto), infecções (geralmente após o parto), pressão arterial elevada durante a gravidez (pré-eclâmpsia e eclâmpsia), complicações relacionadas com o parto e aborto inseguro.

No entanto, a ilustração deste fenómeno obedece a uma lógica espácio-temporal que se manifesta de formas muito diferentes em zonas geográficas distintas. "Nos países industrializados, quase todas as mulheres beneficiam de cuidados e partos assistidos; no entanto, uma mulher em cada vinte e seis (26) na África Subsariana, em comparação com uma mulher em cada 7.300 nestes países, corre o risco de perder a vida ao longo da sua vida" (M. Munyemana et al, 2010, p. 21). Nos países menos desenvolvidos, mais de meio milhão de mães morrem todos os anos em consequência do parto e da gravidez. Oitenta e nove por cento destas mortes maternas ocorrem em regiões menos desenvolvidas, a maioria das quais devido à falta de cuidados adequados na altura do parto (Ransom, 2002). Foi demonstrado que é possível reduzir os riscos associados à maternidade para todas estas mulheres. É por isso que a mortalidade materna se tornou uma grande preocupação para a OMS e para os actores do desenvolvimento, e está também no centro dos Objectivos de Desenvolvimento Sustentável (ODS) na parte 3.1 do objetivo número três (3).

Nesta perspetiva, o governo senegalês elaborou o seu Plano Nacional de Saúde e Desenvolvimento Social (PNDSS) para o período 2019-2028, prolongando o plano 2009-2018. O objetivo deste plano é "um Senegal onde os cuidados curativos, preventivos e promocionais de qualidade são acessíveis a todas as camadas sociais da população, sem qualquer forma de exclusão, e onde é garantido um nível de saúde económica e socialmente produtivo" (MSAS, 2009). A introdução do programa de cobertura universal de saúde garante à população o acesso a um pacote mínimo de cuidados, incluindo cesarianas gratuitas, cuidados gratuitos para crianças dos 0 aos 5 anos e hemodiálise gratuita, especialmente para as pessoas que vivem nas zonas rurais. Os objectivos desta política são a redução da mortalidade materna, a redução da mortalidade infantil e o controlo da fecundidade.

Uma análise dos dados disponíveis no relatório do Inquérito Demográfico e de Saúde de 2019 (EDS-2019) publicado pela Agence Nationale de la Statistique et de la Démographie (ANSD) mostra um aumento constante desde 2005 na proporção de mulheres que utilizaram uma unidade de saúde durante o parto, passando de 62% para 80% em 2019. No entanto, um olhar mais atento a estas estatísticas revela descontinuidades na taxa de partos em unidades de saúde entre as zonas urbanas (96%) e as zonas rurais (76%). Na área de interesse para esta investigação, o observatório da população e da saúde de Niakhar (ou

SSDS - Système de surveillance démographique et de santé de Niakhar), o mais antigo SSDS da África subsariana, tem registado um aumento constante da utilização das unidades de saúde durante a gravidez e o parto desde 1983, passando de 11% em 1988-1992, para 16% em 1998-2002, para 34% em 2008-2012 e depois para 57% em 2017, embora com heterogeneidade geográfica (Delaunay, 2017).

De acordo com Valérie Delaunay (2017, p. 71) no SSDS de Niakhar, "de um modo geral, as mulheres jovens recorrem mais frequentemente às unidades de saúde do que as mulheres mais velhas, seja para consultas pré-natais ou para o parto. A idade da mãe é um determinante sociodemográfico dos cuidados e do acompanhamento médico da gravidez das mulheres, mas não é o único. Verificámos que o nível de escolaridade da mulher também desempenha um papel no acompanhamento médico da gravidez. Quanto mais instruída for uma mulher, maior é a probabilidade de receber cuidados pré-natais e de ter o seu parto assistido por um médico".

No entanto, estes factores determinantes não são os únicos que influenciam o facto de uma mulher recorrer ou não a uma unidade de saúde durante a gravidez e o parto. A literatura disponível indica que a paridade atingida, o estado civil, o número de consultas pré-natais, a casta da mulher, a situação económica da mulher, a idade da mulher e o nível de instrução da mulher também desempenham um papel na utilização ou não de uma unidade de saúde durante a gravidez e o parto.

Neste contexto de melhoria da prestação de cuidados de saúde e de recurso ao parto institucional, centrar-nos-emos no parto domiciliário, a fim de fornecer algumas pistas sobre a manutenção destes comportamentos.

I.   Objetivo da investigação :

As questões de investigação que orientam o nosso trabalho são as seguintes:

1) Num contexto em que a oferta de cuidados de saúde está em constante crescimento, mas de forma heterogénea no SSDS de Niakhar, a distribuição dos partos domiciliários é diferenciada segundo as unidades geográficas?

2) Num contexto rural em rápida mutação, quais são os factores determinantes que influenciam a utilização dos cuidados de saúde durante a gravidez e o parto no observatório de Niakhar?

Objetivo geral: O objetivo desta investigação é analisar a distribuição espacial dos partos domiciliários no observatório da população de Niakhar e estudar os factores que ajudam a explicar este fenómeno.

Os objectivos específicos deste trabalho de investigação são os seguintes

- Analisar a distribuição espacial e temporal dos partos fora das instituições de saúde nas várias aldeias do SSDS de Niakhar.
- Determinar o perfil das mulheres que não são assistidas durante o parto por pessoal de saúde qualificado e identificar os principais factores determinantes que influenciam o parto domiciliário.

__A hipótese geral__ desta investigação é analisar que o parto no domicílio resulta de um conjunto de constrangimentos ou obstáculos ligados às características socioculturais ou sociodemográficas das mulheres, às características socioeconómicas dos agregados familiares e à inacessibilidade e má qualidade dos serviços obstétricos.

__Hipóteses__ de investigação *__específicas__*: Da nossa hipótese geral resulta que o parto em casa é especificamente determinado por :

-idade no parto	- paridade alcançada
-o estado civil das mulheres	-casta das mulheres
-Nível de educação	-situação económica das
-o número de CPNs.	mulheres

Este trabalho de investigação está estruturado em três (3) partes: a primeira parte é constituída por um resumo bibliográfico; a segunda parte é dedicada à descrição do material e dos métodos utilizados; finalmente, a terceira parte apresenta os resultados, as discussões e tira as conclusões".

II.   Definição de conceitos.

Começamos por definir alguns termos úteis para a compreensão do estudo da utilização dos estabelecimentos de saúde durante a gravidez e o parto, que serão utilizados no presente documento. Na segunda parte deste capítulo, analisaremos o que a literatura tem a dizer sobre os partos em casa.

- Saúde :

No preâmbulo da Constituição da OMS de 1946, a saúde é definida como "um estado de completo bem-estar físico, mental e social e não apenas a ausência de doença ou enfermidade. O gozo do mais elevado nível de saúde possível é um dos direitos fundamentais de todo o ser humano, sem distinção de raça, religião, credo político, condição económica ou social". A tomada em consideração da dimensão sócio-espacial e económica é de importância vital para melhorar a saúde das pessoas. Os factores que contribuem para a saúde incluem o acesso aos serviços de saúde, à habitação, à alimentação, à educação, ao trabalho e a um ambiente saudável.

- Mortalidade materna e neonatal :

A mortalidade materna é definida como um fenómeno associado à gravidez e ao parto. De acordo com a OMS (2016), é "a morte de uma mulher ocorrida durante a gravidez ou dentro de 42 dias após a interrupção da gravidez, independentemente da duração ou localização, por qualquer causa determinada ou agravada pela gravidez ou cuidados relacionados com a gravidez, mas não acidental nem acidental".

A mortalidade neonatal inclui as crianças nascidas vivas mas que morrem entre o nascimento e o 28º dia de vida. É feita uma distinção entre a mortalidade neonatal precoce, para as mortes que ocorrem na primeira semana, e a mortalidade neonatal tardia, para as mortes que ocorrem nas três semanas seguintes.

- Utilização dos cuidados de saúde :

Trata-se da utilização do sistema de saúde. A utilização dos cuidados de saúde deve ser distinguida do acesso aos cuidados de saúde, que reflecte apenas a capacidade material ou regulamentar de utilizar os serviços de saúde. A utilização dos cuidados de saúde depende de uma série de factores económicos, sociais e culturais inter-relacionados. As questões mais importantes dizem respeito ao acesso a cuidados especializados e dispendiosos, à prevenção e ao tempo necessário para aceder aos cuidados.

A utilização dos cuidados de saúde é, portanto, determinada por um certo número de factores como o rendimento, o nível de educação, o meio social, o local de residência, o sexo, a idade, etc. A utilização dos cuidados de saúde depende de um conjunto de factores cujas influências são difíceis de distinguir (P. Lombrail; J. Pascal, 2005).

III. Revisão da literatura

A literatura sobre a utilização dos cuidados de saúde maternos mostra claramente que a utilização dos serviços de saúde durante a gravidez e o parto depende em grande medida dos perfis sociodemográficos e económicos das parturientes, mas também do ambiente institucional em que vivem. A dinâmica dos partos em casa e os factores que a podem explicar estão bem documentados. No entanto, os factores que influenciam a utilização ou não de uma instituição de saúde durante a gravidez e o parto não são percebidos da mesma forma pelos autores. De acordo com Ba Gning e Sandberg (2018), "os principais fatores que determinam a utilização dos serviços de saúde são o custo, a disponibilidade e a qualidade dos serviços, a estrutura social, as crenças da comunidade sobre a saúde e as perspetivas culturais, que também têm uma influência determinante nas decisões e comportamentos de saúde". Kroeger (1983), num estudo de investigação antropológica e sociomédica em saúde nos países em desenvolvimento, defende que "os padrões de utilização dos serviços de saúde pelas comunidades são o produto de factores individuais e económicos predisponentes, bem como de uma oferta de cuidados caracterizada pela sua qualidade e acessibilidade".

Por outro lado, Beninguisse et al (2003), num estudo realizado nos Camarões, questionam a relevância da explicação da acessibilidade geográfica. Mostram que é o desfasamento entre o que é oferecido e as expectativas e preferências culturais das mulheres que explica a sua decisão de não ir às unidades de saúde e dar à luz em casa.

Consequentemente, os factores que influenciam os partos domiciliários das mulheres parturientes podem ser divididos em duas grandes categorias: factores predisponentes (como a idade da mulher, a paridade, o estado civil, a profissão do cônjuge, a educação ou a alfabetização da mulher, o nível de vida do agregado familiar, o capital de saúde, a religião da mulher, etc.) e factores facilitadores (como a acessibilidade aos serviços de saúde, a disponibilidade de serviços e a qualidade dos cuidados obstétricos, etc.).Em segundo lugar, os factores facilitadores (como a acessibilidade aos serviços de saúde, a disponibilidade de serviços e a qualidade dos cuidados obstétricos, etc.). Estas categorias são também conhecidas como "factores predisponentes" e "factores facilitadores" (Andersen e Newman, 1972).

III.1 Factores relacionados com a utilização de cuidados obstétricos ou factores predisponentes

Os factores acima mencionados como factores predisponentes não são exaustivos. A escolha das variáveis estudadas no âmbito destes factores está ligada ao contexto da área de estudo e às particularidades que representa o nosso campo de investigação.

Características socioeconómicas

-   O nível socioeconómico do agregado familiar

De acordo com Zoungrana (1993) e Beninguisse (2001), o nível socioeconómico das famílias é um determinante significativo da utilização dos cuidados de saúde, tanto nos países desenvolvidos como nos países em desenvolvimento. De acordo com Lavy e Quigley (1993) e Dor e Van der Gaag (1988) (citados por Gnanderman Sirpe, 2011), o rendimento é o principal fator determinante da utilização dos serviços de saúde obstétrica. Do mesmo modo, Gertler e Van der Gaag (1990) mostram que os indivíduos que vivem em agregados familiares com rendimentos relativamente elevados têm uma maior probabilidade de procurar cuidados de saúde do que os que vivem em agregados familiares pobres. Beninguisse et al (2007), num estudo sobre a descontinuidade dos cuidados obstétricos na África Subsariana, afirmam que "a descontinuidade dos cuidados obstétricos é significativamente mais frequente entre as mulheres que vivem em agregados familiares com um baixo nível de vida, e a sua prevalência diminui significativamente à medida que o nível de vida do agregado familiar aumenta".

- A atividade económica das mulheres :

Vários estudos associam o trabalho remunerado das mulheres a uma melhor utilização dos serviços de saúde durante a gravidez e o parto e, consequentemente, a uma melhor saúde materna. A autonomia financeira das parturientes aumenta significativamente a sua capacidade de utilizar os serviços de saúde quando necessário (Kaboré, 2005). Esta relação foi salientada num estudo realizado em Kampala, no Uganda (Nankwangua, 2004). Para alguns autores, a atividade económica das mulheres também lhes permite acumular capital social, o que lhes permite adotar novos comportamentos de saúde em detrimento dos hábitos de saúde tradicionais (Beninguisse, 2003). No entanto, a relação entre a atividade económica de uma mulher e a sua utilização dos cuidados de saúde nem sempre é fácil de estabelecer e, por isso, permanece relativa, uma vez que algumas mulheres economicamente activas citaram a falta de tempo como uma razão para não utilizarem os cuidados de saúde materna (Wong et al., 1987; Macdonald, 1988; Zoungrana, 1993).

Características sócio-demográficas
- Idade e paridade

A idade e a paridade são variáveis muito significativas no estudo do comportamento de saúde, particularmente da saúde materna. Em muitos casos, existe uma correlação entre a idade, a paridade e a utilização de cuidados obstétricos (Rakotondrabe, 2001; Sala-Diakanda, 1999; Zoungrana, 1993; Beninguisse, 2003).

Num estudo realizado por N. Nkurunziza (2015) nas zonas rurais do Burundi, o inquérito qualitativo mostrou que: "na medida em que a gestão quotidiana do agregado familiar depende da mulher, algumas mulheres multíparas arriscam-se a esperar para evitar passar demasiado tempo numa unidade de saúde. Outras desistem de ir, porque não podem ausentar-se do seu agregado familiar para cuidar dos filhos durante as consultas". A idade e a paridade, sob diversas formas, são obstáculos à utilização dos cuidados obstétricos; por exemplo, algumas mulheres multíparas de idade avançada consideram muito embaraçoso utilizar as unidades de saúde onde seriam atendidas por pessoal médico muito jovem. Estes casos são também observados no trabalho de Rakotondrabe (2001) sobre a contribuição do género para a explicação da saúde infantil em Madagáscar, onde "o risco de uma mulher não procurar cuidados durante a gravidez diminui para metade quando tem menos de 35 anos". Esta observação foi também efectuada por Diallo e colegas na Guiné. Do mesmo modo, um estudo efectuado no Canadá mostrou que as mulheres de grupos etários mais velhos e as multíparas tinham proporcionalmente mais probabilidades de dar à luz fora do hospital. No entanto, a utilização das unidades de saúde pelas primíparas está bem estabelecida, uma vez que, segundo De Sousa (1995), "a escolha da assistência moderna no hospital é frequente nos primeiros partos. Podemos, portanto, supor que os cuidados são maiores nos primeiros partos". No entanto, a frequência da assistência aos primeiros partos diminui à medida que as mulheres adquirem experiência de maternidade (Masuy-stroobant, 1996, citado por Beninguisse, 2001). Resultados semelhantes aparecem em vários estudos, incluindo os realizados em Utter Pradesh na Índia (Stephenson e Ong

Tsui, 2002), na Guatemala (Pebley et al, 1996), em Bobo Dioulasso no Burkina Faso (Baya, 1999) e no Quénia (Ochako et al, 2011).

- Experiência no domínio da saúde :

O termo "capital saúde" engloba aqui todas as complicações durante a gravidez e o parto: cesarianas, abortos, nados-mortos, etc., que podem influenciar a eventual utilização dos cuidados de saúde pelas mulheres (Beninguisse, 2007).

De acordo com Stephenson e Ong Tsui (2002, p136), citados por N. Nkurunziza (2015), a sua investigação na Índia mostrou que a utilização de uma unidade de saúde durante a gravidez e o parto é positivamente influenciada pela experiência de perder um filho. Segundo Beninguisse (2003), "esta vigilância não responde verdadeiramente a uma lógica preventiva, mas corresponde provavelmente a um receio de recorrência dos antecedentes ou a uma resposta terapêutica pontual". No trabalho de N. Nkurunziza (2015) realizado no Burundi, é a experiência da gravidez e do parto anteriores que orienta as suas escolhas. A ocorrência de complicações durante a gravidez está amplamente documentada na literatura científica como uma motivação para as parturientes procurarem cuidados de saúde (Chang, 1980, citado por Zoungrana, 1993).

Factores socioculturais

- Actuações :

No estudo dos itinerários terapêuticos, as representações sociais não estão suficientemente documentadas. Cada sociedade tem a sua própria forma de perceber e compreender os factos sociais com que se confronta diariamente. Segundo Denise Jodelet (1989), "a representação social é uma forma de conhecimento socialmente elaborada e partilhada, que tem uma finalidade prática e contribui para a construção de uma realidade comum a um determinado grupo social". Para Jean-Claude Abric (2005), "a representação social é simultaneamente o produto e o processo de uma atividade mental através da qual um indivíduo ou um grupo reconstrói a realidade com que é confrontado e lhe atribui um significado específico". Embora a literatura sobre os motivos que influenciam a utilização dos cuidados de saúde durante a gravidez e o parto seja abundante, a análise das representações sociais é escassa na literatura científica. A maioria dos elementos disponíveis na literatura diz respeito a razões individuais, como a perceção do risco (Galotti et al., 2000; Lyerly et al., 2007). Por exemplo, um estudo realizado no distrito sanitário de Banfang, nos Camarões (Mankollo-Bassong Oy et al., 2020), sobre o conhecimento e as representações sociais dos cuidados pós-natais, estabeleceu que "as práticas tradicionais após o parto são de grande importância na nossa sociedade". Este facto é corroborado pelo estudo realizado por Olivier et al (1999) citado por Nkurunziza (2015); embora estas práticas variem, têm um impacto significativo na participação nas consultas pós-natais.

- Religião:

A investigação disponível na literatura reconhece a religião como uma variável relevante, influenciando as perceções, atitudes e comportamentos das mulheres relativamente à utilização de cuidados médicos durante a gravidez (Sidibé, 2019; Kabakian-Khasholian et al., 2000). A religião, através dos seus mitos, crenças, normas, valores e práticas, é considerada como um sistema de práticas e crenças utilizadas num grupo ou comunidade. Segundo G. Charles (2014), "ao longo dos milénios, cada sociedade desenvolveu, através da observação da natureza e da criação de mitos e religiões, um conjunto de ritos e proibições protectoras destinadas a proteger as mães e os seus fetos". Existem algumas semelhanças, como a relação específica da mulher grávida com os espíritos e o simbolismo que envolve a placenta e o cordão umbilical. No entanto, embora o parto numa unidade de saúde seja muitas vezes tranquilizador devido à segurança que proporciona, pode também ser uma experiência difícil devido à impossibilidade de respeitar as tradições. Em África, vários estudos mostraram que certas religiões são mais favoráveis à utilização de cuidados obstétricos do que outras. Por exemplo, de acordo com Kaboré et al (2005), a religião cristã tem uma influência positiva na utilização de cuidados obstétricos modernos, devido à sua abertura, adaptação e promoção da cultura, conhecimento, tecnologia e medicina ocidentais, ao contrário de outras religiões. No entanto, um trabalho de Stock (1983) constatou que os muçulmanos utilizavam pouco ou insuficientemente as instalações de saúde fornecidas pelas missões católicas.

- Educação e/ou literacia :

A ligação entre a educação e o comportamento de saúde está bem documentada e representa uma variável essencial no estudo do comportamento de saúde das pessoas (Yanagisawa et al., 2006; Madagi et al., 2007; Singh et al., 2012). A educação refere-se ao processo de aquisição de conhecimentos, competências e saber-fazer no âmbito de um sistema educativo estruturado e organizado de acordo com as normas ocidentais. No entanto, a medição da educação varia nos estudos, com alguns investigadores a referirem-se ao número de anos passados no sistema educativo, outros ao nível de estudo mais elevado (Akoto, 1993). As populações adoptam comportamentos de saúde diferentes consoante o seu nível de educação. Um nível de educação mais elevado está frequentemente associado a uma maior probabilidade de procurar cuidados obstétricos. Por exemplo, de acordo com Vallin et al (2002), "o conhecimento é um dos primeiros bens susceptíveis de encorajar a adoção de comportamentos de promoção da saúde". A educação é frequentemente sinónimo de modernidade e de abertura ao mundo ocidental. Beninguisse (2003), citado por Tchango Ngale Georges Alain (2015), demonstrou que os conhecimentos adquiridos na escola são essenciais para a integração da mulher no sistema médico moderno, permitindo-lhe avaliar racionalmente as situações de urgência sanitária. Desta forma, a educação permite o acesso à informação e à sensibilização, possibilitando uma melhor perceção dos benefícios da utilização dos cuidados de saúde. Por exemplo, um estudo sobre a utilização dos serviços de saúde materna em Bamako, no Mali (Zoungrana, 1993, citado por Sidibé, 2019) mostrou que as mulheres sem escolaridade eram menos propensas a utilizar as instalações de saúde do que as mulheres com escolaridade, cuja utilização aumentava com a duração ou o nível de escolaridade. No entanto, não existe consenso entre os investigadores sobre o impacto positivo da educação no comportamento em matéria de saúde. Alguns consideram que a educação facilita às mulheres a obtenção de um emprego e, por conseguinte, a obtenção de meios económicos para cobrir os custos da gravidez e do parto. Para outros investigadores, a educação é sinónimo de refinamento e de conformidade com os padrões ocidentais, em que a saúde é uma das principais preocupações (Rakotondrabe, 2004; Akoto, 1993). Segundo

Jaffre e Prual (1993) e Mebtoul (1993) (citados por Sidibé, 2019), a forma como as parturientes eram recebidas dependia em grande medida do seu nível de educação, uma vez que o pessoal médico classificava as mulheres de acordo com as suas expectativas culturais.

- O número de consultas pré-natais (CPN)

De acordo com Tchango Ngale Georges Alain, (2015) num estudo de investigação realizado nos Camarões "o número de CPN realizados é a variável que mais contribui para explicar a ocorrência de parto domiciliário para cada nível de análise. O risco relativo de parto domiciliário varia inversamente com o número de CPN efectuados". Assim, fica estabelecida a correlação entre parto domiciliar e consulta pré-natal. As mulheres que não tinham ido a uma consulta de CPN tinham mais probabilidades de ter um parto no domicílio do que as outras mulheres que tinham ido a pelo menos uma consulta de CPN. No mesmo estudo, realizado nos Camarões, "as mulheres que não foram a uma consulta de CPN expõem-se a uma perda de informações vitais sobre o assunto e correm o risco de adotar posteriormente comportamentos considerados inadequados. Isto explica o facto de as mulheres que não fizeram ANC durante a sua última gravidez terem mais probabilidades de dar à luz em casa do que as que o fizeram". No entanto, nos Camarões, até 85% das mulheres tinham recebido cuidados pré-natais pelo menos uma vez durante a sua última gravidez e, no entanto, para muitas delas, os partos continuaram a ter lugar em casa, na ausência de pessoal qualificado. Isto sugere que existem razões sócio-culturais e económicas para as mulheres darem à luz em casa, quer tenham tido pelo menos um ANC ou não".

Estes resultados estão de acordo com os de Diallo et al (1999) num estudo efectuado na Guiné, onde se verificou um forte desfasamento entre as consultas pré-natais e os partos assistidos, resultando em taxas muito elevadas de partos em casa.

- Estado civil das mulheres

Uma das variáveis significativas na escolha do local de nascimento é o estado civil das mulheres. Este é definido como o estado civil legal ou social de uma pessoa: solteira, casada, viúva, divorciada, em coabitação, etc. De acordo com Ouattara Kalilou (2019), num estudo realizado na aldeia de Namassi (nordeste da Costa do Marfim), onde 70% das mulheres inquiridas estavam num casal, foi demonstrado que estas mulheres estão geralmente sob a sombra dos seus maridos, que na maioria dos casos tomam decisões por elas. Nas suas palavras, "esta situação é como um determinismo social que tem um impacto no comportamento das mulheres quando se trata de gerir a gravidez e preparar o parto".

No entanto, esta variável também é discutida e é objeto de muita controvérsia quanto ao estado civil mais representativo entre mulheres casadas e solteiras, porque de acordo com Coulibaly Salimata Kane (2020), contrariamente aos resultados de Ouattara Kalilou (2019), as mulheres solteiras foram as mais representadas entre as mulheres que deram à luz em casa. Estes resultados concordam com os de Sangho O. et al. No entanto, também contradizem os de Sidibé A. e Keita, que descobriram que as mulheres casadas eram as mais representadas.

- Profissão do cônjuge

A influência da profissão do marido na escolha do local de nascimento é muito significativa na maior parte da literatura (S. H. Idriss et al, 2006;

Y. Kamaté, 2019; Diallo Nanténin Kaba Diakité, 2014). De acordo com Joseph Bénie Bi Vroh et al, (2009) num estudo realizado sobre a prevalência e os determinantes dos partos domiciliários em dois bairros precários da comuna de Yopougon em Abidjan, Costa do Marfim, os resultados mostraram que das 236 mulheres inquiridas (41,9%) tinham um cônjuge que recebia um rendimento diário e, consequentemente, o teste Chi indicou que existia uma ligação significativa entre o tipo de rendimento do cônjuge e o local de nascimento. Estes resultados também aparecem no trabalho de (Coulibaly Salimata Kane, 2020).

III.2 Factores que afectam a oferta de cuidados obstétricos ou factores facilitadores t

Na literatura científica sobre a utilização das unidades de saúde durante a gravidez e o parto, os autores centram-se principalmente na procura de cuidados. No entanto, as parturientes podem ser confrontadas com condições difíceis, tais como longas distâncias a percorrer entre os centros de saúde e o seu local de residência, filas intermináveis à chegada, pessoal médico incompetente, instalações de saúde inadequadas e falta de meios para evacuar casos de emergência, o que pode limitar a sua utilização de uma instituição de saúde.

- Acessibilidade geográfica dos serviços de saúde :

A acessibilidade geográfica é definida como a disponibilidade de serviços de saúde, medida pela distância ou densidade de instalações ou profissionais de saúde numa determinada área. De acordo com Picheral (2001), na geografia da saúde, a acessibilidade geográfica representa a capacidade física de aceder aos serviços de saúde. Na literatura científica, a maior parte da investigação realizada na África Subsariana sobre partos em casa estabeleceu que a acessibilidade geográfica é um fator determinante significativo da utilização das instalações de saúde durante a gravidez e o parto (Acharya e Cleland, 2000; Magadi, Madise e Rodrigues, 2000; Raghupathy, 1996). Na Guiné Conacri, a distância entre as instalações de saúde e o local de residência foi a razão mais frequentemente citada para o parto em casa, segundo Diallo et al (1999). Estes resultados são coerentes com os de Beninguisse et al (2001), que constataram uma diminuição significativa da utilização das unidades de saúde durante a gravidez e o parto nas zonas urbanas e rurais dos Camarões com o aumento da distância do centro de saúde. Um estudo realizado no distrito de Nyaruguru, no sul do Ruanda, por M. Munyemana et al (2010) chegou a conclusões semelhantes, tal como os resultados de Joseph Bénie Bi Vroh et al (2009).

- <u>Acesso financeiro aos serviços de saúde :</u>

O custo elevado dos serviços de saúde é amplamente reconhecido como um fator que influencia a utilização dos cuidados de saúde maternos na literatura científica. Os resultados de uma investigação realizada em Maroua por Eloundou Messi et al (2017) mostraram que as mulheres por vezes davam à luz em casa por falta de escolha devido ao custo muito elevado dos cuidados obstétricos, que excedia a sua capacidade financeira. Numerosos estudos realizados na África subsariana estabeleceram uma relação negativa entre o custo elevado dos serviços de saúde e os partos no domicílio, bem como as consequências sociais associadas a este encargo financeiro (Gruénais & Ouattara, 2006; Storeng et al, 2008; Ensor & Cooper, 2004; Borghi et al, 2006; Fabienne Richard et al, 2008).

- Qualidade dos cuidados obstétricos :

De acordo com a OMS (2019), a qualidade dos cuidados refere-se ao grau em que os serviços de saúde para indivíduos e populações aumentam a probabilidade de alcançar os resultados de saúde desejados, de acordo com os conhecimentos profissionais actuais. Por exemplo, de acordo com os resultados de uma análise qualitativa realizada nos Camarões sobre a acessibilidade cultural como requisito para a qualidade dos cuidados e serviços obstétricos em África (Beninguisse et al, 2004), as mulheres têm expectativas de qualidade em relação a certos aspectos dos cuidados de maternidade, incluindo a gestão adequada das condições e complicações obstétricas, cuidados facilmente acessíveis a todos a um custo mais baixo, respeito pela discrição durante as consultas, preservação da sua privacidade e inclusão de cuidados tradicionais em que acreditam devido à sua eficácia (como a massagem). Os mesmos resultados mostram também que as mulheres lamentam as longas filas de espera, a promiscuidade das enfermarias, a orientação a favor do planeamento familiar, a presença limitada do círculo familiar e a incapacidade de proteger a mãe e o filho contra as forças do mal. Esta insatisfação com a qualidade do sistema de cuidados é também citada como uma razão para a não utilização dos cuidados de saúde materna no trabalho de O. Kalilou (2019).

A análise dos elementos da revisão da literatura permitiu-nos construir um diagrama concetual das variáveis relevantes para o estudo do parto domiciliário.

Figura 1Diagrama concetual dos factores envolvidos no parto domiciliário de acordo com a revisão da literatura

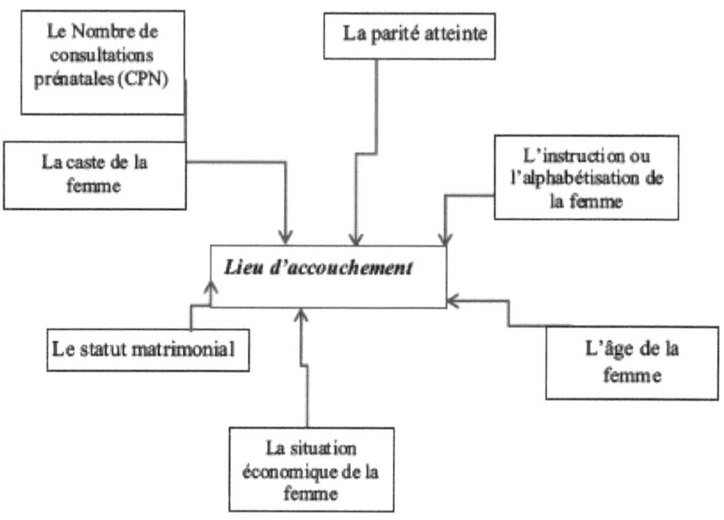

Conclusão parcial

A literatura mostra que a utilização dos cuidados de saúde maternos depende de uma série de variáveis complementares que merecem ser estudadas. No entanto, não existe uma abordagem geográfica na literatura existente. Os trabalhos disponíveis são realizados por economistas da saúde, epidemiologistas, demógrafos, especialistas em saúde pública, etc. É por isso que é interessante analisar a abordagem geográfica dos cuidados de saúde materna. É por isso que é interessante desenvolver uma abordagem geográfica a este tema de investigação.

IV. Metodologia de investigação

IV.1 Enquadramento do estudo

O Observatório da População e da Saúde, também conhecido como Sistema de Monitorização Demográfica e de Saúde (SMDS), reúne uma série de actividades no terreno e procedimentos informáticos para gerir a monitorização longitudinal de entidades específicas, tais como indivíduos, agregados familiares e unidades residenciais, e todos os dados demográficos e de saúde associados, dentro de uma área geográfica claramente definida. O sistema começa com um recenseamento inicial para definir e registar a população de referência. Posteriormente, são realizados inquéritos regulares para recolha de dados em intervalos específicos, permitindo a identificação de novos habitantes, agregados familiares e unidades residenciais, bem como a atualização de variáveis-chave e características das entidades já recenseadas. O sistema central monitoriza a dinâmica demográfica através da recolha e tratamento convencional de dados sobre nascimentos, mortes e migrações, os únicos eventos demográficos que podem alterar a dimensão inicial da população residente. O Observatório de Niakhar foi criado num contexto em que os dados eram escassos após a independência, com o objetivo de dispor de uma base sólida de informações precisas sobre demografia, saúde e estatísticas fiáveis para apoiar eficazmente as estratégias de desenvolvimento. Pierre Cantrelle, médico demógrafo do Office de la Recherche Scientifique et Technique d'Outre-Mer (ORSTOM), atualmente Institut de Recherche pour le Développement (IRD), criou em 1962 uma plataforma de investigação multidisciplinar em Niakhar para descrever o estado da população, acompanhar a sua evolução e servir de modelo para a ajuda ao desenvolvimento, ultrapassando as fronteiras geográficas, socioeconómicas e político-históricas (Pierre Cantrelle, 2018).

A área de estudo atual inclui oito aldeias na zona de Ngayokhème, que tem sido objeto de um acompanhamento demográfico contínuo desde 1963, bem como vinte e duas outras aldeias, inquiridas pela primeira vez em 1983, que fazem parte dos arrondissements de Niakhar e da comunidade rural de Diarrère (Cheikh Sokhna et al, 2018). O Observatório de Niakhar está situado no departamento de Fatick, no coração da bacia senegalesa do amendoim. Tem um comprimento de quinze quilómetros e uma largura de quinze quilómetros, cobrindo uma área de cerca de 230 km2. A região saheliana é essencialmente constituída por baobás, roan e tamarindos. Agora que o governo perdeu o interesse na produção de amendoim, este está a ser gradualmente substituído pelo painço como principal fonte de alimentação. No entanto, os agricultores enfrentam uma série de desafios devido à pressão demográfica e às alterações climáticas. A criação de gado (ovinos, caprinos, bovinos e até suínos) é também uma atividade importante na região. Atualmente, a zona alberga mais de 50 000 habitantes, divididos em aldeias e concessões com uma população média de dezasseis pessoas. A população do SSDS de Niakhar é jovem: 58% têm menos de vinte anos. Os muçulmanos representam 70% da população e os cristãos 25%. Enquanto metade dos homens tem alguma escolaridade, ainda que curta, mais de 75% das mulheres não têm qualquer escolaridade. De acordo com Valérie Delaunay et al (2017), entre 2003 e 2014, na zona de Niakhar, 16% dos agregados familiares foram considerados pobres de acordo com medidas subjectivas, monetárias e não monetárias. Sendo uma zona rural de elevada densidade (mais de 130 habitantes por km2), a migração urbana sazonal generalizou-se, sobretudo entre os jovens. Em 1 de janeiro de 2014, entre os residentes, 90% dos homens com idades compreendidas entre os 30 e os 34 anos e 70% das mulheres com idades compreendidas entre os 20 e os 24 anos já tinham efectuado uma migração temporária para trabalhar (Valérie Delaunay, 2018).

Figura 2Mapa de localização do SSDSS de Niakhar.

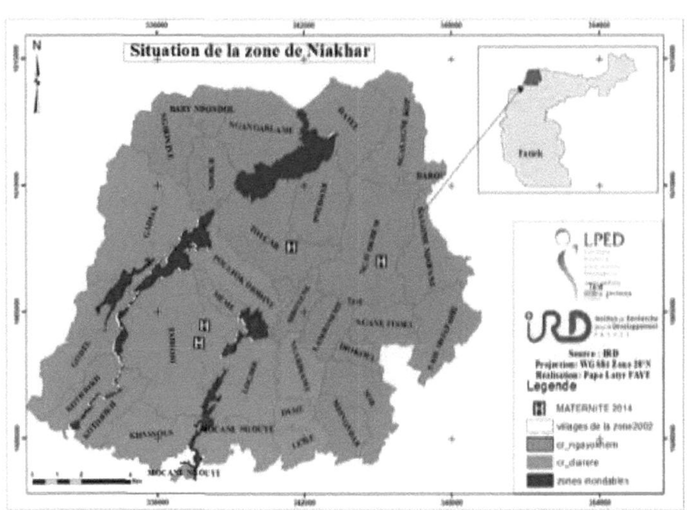

- Apresentação da oferta de cuidados SSDS - Niakhar.

Existem atualmente quatro centros de saúde na área de estudo de Niakhar, situados nas aldeias de Toucar, Diohine e Ngayokhème. O posto de saúde de Toucar, criado em 1953, é o mais antigo da zona de Niakhar, servindo dez aldeias: Mboyène, Ndokh, Ngangarlam, Ngonine, Bari Ndondol, Datel, Lambanème, Poudaye, Toucar e Poultock Diohine. O distrito de

Ngayokhème, criado em 1983, abrange nove aldeias: Ngalagne Kop, Mbinondar, Kalome Ndofane, Diokoul, Ngayokhème, Sass Ndiafadj, Sob, Ngane Fissel e Darou. Quanto a Diohine, dispõe de duas unidades de saúde: um posto de saúde católico privado, criado em 1957 pela congregação católica "As Filhas do Sagrado Coração de Maria", e um posto de saúde público, inaugurado em 2014, que inclui uma maternidade. Estes dois postos de saúde cobrem cerca de vinte aldeias, doze das quais estão incluídas na zona do observatório de Niakhar: Diohine, Dame, Gadiack, Godel, Khassous, Kotiokh, Lème, Logdir, Même, Mokane Gouye, Ngardiam e Poultock Diohine. No entanto, as áreas de influência destas instituições de saúde continuam a ser flexíveis, uma vez que as pessoas se deslocam para além dos postos de saúde mais próximos para outros estabelecimentos para necessidades de cuidados de saúde específicas. Estes postos de saúde são apoiados por cabanas de saúde, embora a maior parte delas não esteja a funcionar (ver quadros 1 e 2).

Tabela 1Infra-estruturas de saúde na prestação de cuidados no SSDS de Niakhar - 2018.

Posto de saúde de **Ngayokhème*** (construído em 1983 e renovado em 2008)	⟶	Caso de Sass (2013) Caso de Sob (2010) Caso de Kalom Ndofane (2010) Caso de Diokoul (2010)
Posto de saúde **Toucar*** (construído em 1953 e renovado em 2014)	⟶	Caso de Ndokh (2017) Caso de Ngonine (2003) Caso de **Poudaye*** (2002)

		Caso de **Poultock***** (2007)
Centro de saúde pública de **Diohine*** (construído em 2014)	➤	Processo de **Gadiack***** (2003)
Centro de Saúde Privado Católico de **Diohine*** (construído em 1957 e renovado em 2009)	➤	Caso de Kothiokh (2018) Caso de Godel (2012)

*** Cabana de saúde não funcional / Posto de saúde

Fonte dos dados: (Hamidou Diallo e Maria-Belén Ojeda DevObs, 2018)

Tabela 2Pessoal dos postos de saúde do SSDS de Niakhar.

Posto de saúde	Ngayokhème	Toucar	Diofina	Diohine Catholique
Enfermeiro-chefe (ICP)	1	1	1	1
Parteira	1	1	1	1
Trabalhador de saúde comunitário (CHW)	1	1	2	2
Matrona	2	4	1	1
Relay (Comunicação e divulgação de informações)	3	5	-	-

Depósito de farmácia	1	1	1	1

Fonte dos dados: (Hamidou Diallo e Maria-Belén Ojeda DevObs, 2018)

Fontes de dados

Esta investigação baseia-se em duas fontes de dados distintas. Em primeiro lugar, utilizámos dados de monitorização longitudinal do Observatório da População e da Saúde de Niakhar durante o período 1983-2020. A escolha do ano de 1983 corresponde ao início da observação das 30 aldeias que constituem o atual observatório. Todos os anos, todas as unidades geográficas do SSDS de Niakhar são objeto de um inquérito. Estes inquéritos recolhem informações sobre nascimentos, mortes, casamentos, migração, níveis de educação e local de nascimento, bem como dados de saúde, como vacinas e causas de morte. As tendências demográficas, como o declínio da mortalidade materna e neonatal ou o declínio da fertilidade, também são medidas. É importante sublinhar que os dados da base de dados Niakhar SSDS são de rara precisão e abrangem todas as unidades espaciais da zona.

A segunda parte desta investigação baseia-se em dados qualitativos de um inquérito de campo às mulheres do SSDS em Niakhar, realizado especificamente para este estudo. Os dados foram recolhidos através de entrevistas baseadas num guia de entrevista pré-estabelecido. No total, foram efectuadas 46 entrevistas, abrangendo uma amostra de 218 nascimentos.

IV.2 Técnica de amostragem

No âmbito deste estudo, foram recolhidos no terreno dados quantitativos e qualitativos. Os dados foram recolhidos na aldeia de Mboyéne, uma aldeia do observatório de Niakhar escolhida pela sua particularidade: tem a proporção mais baixa de partos nas unidades sanitárias de toda a zona de Niakhar, apesar da sua proximidade dos quatro (4) postos de saúde que servem a região.

As entrevistas realizadas com os participantes basearam-se num guião de entrevista e seguiram a regra da saturação. Na investigação qualitativa, a saturação ocorre quando os dados recolhidos já não revelam novas informações significativas. Nesta fase, a recolha de dados adicionais torna-se redundante, uma vez que a informação recolhida já é conhecida. Atingir a saturação fornece uma base sólida para a generalização, desempenhando um papel semelhante ao da representatividade nos inquéritos por questionário (Mucchuelli, 1991).

IV.3 Escolha da unidade de análise

Para a investigação sobre a gestão sanitária do parto, são possíveis dois tipos de unidades de análise: os nascimentos ou as mulheres (Beninguisse, 2003).

IV.4. Abordagem baseada na natalidade

Esta abordagem implica a criação de um ficheiro de análise dos nascimentos ocorridos durante o período de estudo, a partir da data de referência. Este método de recolha de dados é mais adequado para estudos sobre a saúde das crianças. Tem a vantagem de ter uma grande dimensão de amostra, limitando assim os erros aleatórios devidos a um pequeno número de eventos. A análise dos comportamentos associados à assistência médica no nascimento, com base nesta abordagem centrada no nascimento, permite identificar os nascimentos que apresentam riscos potenciais e compreender as necessidades de saúde da criança, informação crucial para os programas de saúde (Beninguisse, 2003). No entanto, esta abordagem tem o inconveniente de pressupor uma certa independência entre os partos das mulheres. De facto, o recurso à assistência médica durante um parto não garante necessariamente o mesmo comportamento nos partos seguintes da mesma mulher (Beninguisse, 2003). Neste caso, "os partos de uma mesma mulher não são estatisticamente independentes em termos de participação nos serviços obstétricos" (Beninguisse, 2003: 110).

IV.5. Abordagem baseada nas mulheres ou "abordagem centrada nas mulheres

A abordagem centrada na mulher, que adoptaremos neste estudo, visa identificar os grupos de risco, ou seja, as mulheres susceptíveis de sofrer complicações durante a gravidez em consequência de comportamentos de saúde inadequados (Beninguisse, 2003). No entanto, este método tem a desvantagem de envolver um número limitado de nascimentos em comparação com a abordagem baseada no número total de nascimentos.

IV.6. Entrevistas

Realizámos entrevistas semi-estruturadas com o objetivo de identificar os determinantes associados aos partos em casa. Inquirimos 46 mulheres residentes no SSDS de Niakhar, que tinham tido um total de 218 partos. Para além disso, tivemos a oportunidade de falar com enfermeiros-chefes (ICP) e parteiras para avaliar a situação da saúde materna, particularmente no posto de saúde de Toucar, que é responsável pela aldeia de Mboyéne. As entrevistas foram depois transcritas e analisadas segundo o método da análise do discurso, uma abordagem qualitativa pluridisciplinar que permite um estudo preciso do discurso.

IV.7. Métodos estatísticos de análise de dados.

Dados retrospectivos sobre os partos ao domicílio no SSDS - Niakhar.

Foram extraídos da base de dados Niakhar dados retrospectivos sobre partos domiciliários de 1983 a 2020, classificados por aldeia e distrito. Foram introduzidos e analisados utilizando o software de análise de dados XLSTAT. Foram calculadas proporções para avaliar as taxas de partos domiciliários em todas as aldeias e bairros do observatório de Niakhar ao longo de um período diacrónico, salientando as desigualdades na distribuição destes partos. Para melhor visualizar a evolução deste fenómeno, foram definidos intervalos de cinco (5) anos (1983-1987, 1988-1992, 1993-1997, 1998-2002, 2003-2007, 2008-2012, 2013-2017), com observações individuais para os anos de 2017, 2018, 2019 e 2020. Estes dados foram depois ligados à base de dados geoespacial Niakhar SSDS para cartografia utilizando o software de cartografia ArcGIS versão 10.4, respeitando os intervalos de tempo definidos e as diferentes escalas de observação (aldeia, bairro).

⬆ Dados quantitativos recolhidos aquando do inquérito qualitativo às mulheres da aldeia de Mboyéne.

Estruturar-se-á principalmente em torno de dois níveis de análise:

- *Análise descritiva*

Optaremos por uma análise bivariada para examinar a correlação entre a não utilização das unidades de saúde durante a gravidez e o parto e as variáveis explicativas. Esta análise será efectuada através do teste estatístico do qui-quadrado (chi2, X^2) utilizando o software STATA versão 16. O limiar de significância para este estudo é de 5%.

Análise explicativa

O objetivo deste estudo é identificar as variáveis que influenciam os partos domiciliários no SSDS de Niakhar. Dada a natureza binária da nossa variável dependente, optaremos pelo método de regressão logística. Este método é utilizado para estimar probabilidades de eventos e estabelecer relações entre características e probabilidades de resultados específicos.

Nesta investigação, o método de regressão logística será utilizado para explicar o comportamento de uma variável dependente qualitativa através de uma ou mais variáveis explicativas. A variável dependente, que representa o local de nascimento, assume o valor 0 para os nascimentos em unidades de saúde e 1 para os nascimentos no domicílio. O modelo irá prever a probabilidade de uma mulher pertencer à categoria de parto domiciliário. Utilizaremos um método top-down stepwise (Nakache e Confais, 2003) para eliminar progressivamente as variáveis não significativas entre os factores explicativos dos partos no domicílio.

A diferença de risco será calculada a partir dos rácios de probabilidade (OR). Um OR inferior a 1 indica que as mulheres com a caraterística da variável explicativa em questão têm (1-OR)*100% menos risco (ou hipótese) de sofrer o evento do que as mulheres da categoria de referência. Por outro lado, um OR superior a 1 significa que as mulheres com a caraterística em questão na variável explicativa têm OR vezes mais probabilidades de sofrer o acontecimento do que as suas homólogas na caraterística de referência.

A importância dos parâmetros do modelo será avaliada com base na probabilidade crítica associada. O modelo será considerado significativo se esta probabilidade for inferior ao limiar de significância fixado em 5%.

<u>**RESULTADOS E DISCUSSÃO**</u>

PARTE I: Distribuição espacial e temporal dos partos domiciliários no sistema de monitorização demográfica e sanitária de Niakhar.

Capítulo 1: Distribuição espacial e temporal dos partos domiciliários de 1983 a 2017.

O quadro acima resume o número de nascimentos de 1984 a 2020 e o número de mulheres de 15 a 40 anos no período de 1984 a 2016. A análise destes resultados revela um claro aumento tanto do número de nascimentos como da população feminina dos 15 aos 49 anos, o que atesta a continuação do dinamismo demográfico do território. No entanto, verifica-se um declínio acentuado da tendência para os partos no domicílio ao longo dos anos, com uma variação significativa devido às disparidades no acesso aos cuidados de saúde materna.

Figura 3Dinâmica demográfica no observatório da população de Niakhar 1984-2016. (Índices, 1984 = 100)

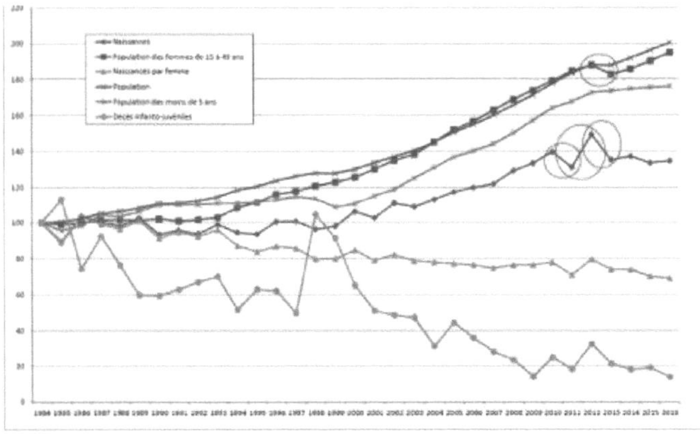

Fontes de dados: Diallo, Guénard, Ojeda Trujillo e Robillard, (2019).

Tabela 3Número de nascimentos e mulheres de 15-49 anos para cada período (1983-2017).

Ano	Número de nascimentos	População feminina de 15-49 anos	Taxa média de partos domiciliários por intervalo de 5 anos
1983 - 1987	5493	31302	90 %
1988 - 1992	5952	39887	89 %
1993 - 1997	6010	41900	85 %
1998 - 2002	6330	47013	83 %
2003 - 2007	7133	53997	74 %
2008 - 2012	8383	65318	65 %
2013- 2017	8382	70166	49 %
2017	1735	--	43 %
2018	1730	--	33 %
2019	1760	--	26 %
2020	1625	--	20 %

Fontes de dados : Base de dados Niakhar e os nossos próprios cálculos

I.1.1. A década (1983 - 1987) (1988 - 1992).

No SSDS de Niakhar, a década (1983-1992) foi marcada por uma taxa de natalidade e de mortalidade materna e neonatal muito elevada, mas sobretudo por partos em condições de segurança muito fracas. No início da década, e mais particularmente durante os primeiros cinco anos, a taxa de partos domiciliários era muito elevada em todas as aldeias do SSDS - de Niakhar. De facto, durante este período, a taxa média de partos no domicílio era de 90% em todo o observatório, com um mínimo de 73% e um máximo de 97%. Esta situação não melhorou efetivamente durante o segundo período; no entanto, verificou-se uma ligeira descida da taxa, com uma média de 89% e um mínimo de 70%. Por outro lado, a taxa máxima subiu para 100%. Globalmente, a situação para a década (1983-1992) mostra proporções muito elevadas de partos domiciliários em todas as aldeias da SSDS - Niakhar. A análise do mapeamento (ver Figura 2) mostra que as taxas mais baixas de partos no domicílio registadas no Observatório de Niakhar durante o primeiro período da década (1983-1992) se situam nas aldeias de Ngayokhème (79%) e Toucar (73%), o que se explica pelo facto de dois dos três postos de saúde do Observatório estarem aí localizados. No entanto, as taxas mais elevadas de partos domiciliários foram observadas nas aldeias de Logdir (96%) e Ngangarlame (70%) durante este período. Uma análise mais detalhada numa escala mais fina, a dos bairros, não revela grande heterogeneidade durante todo o período. Por exemplo, em Ngangarlame, as taxas são as seguintes para os diferentes bairros: centro (pind tok) 96%, Douléme 95%, Pind alang 100%, etc. A taxa ao nível da aldeia não apresenta qualquer descontinuidade em relação à taxa global do SSDS de Niakhar durante este período, e as diferenças de taxas entre bairros ao nível da aldeia não são pronunciadas.

Tabela 4Taxa média, taxa mínima e taxa máxima de partos domiciliários (1983/1987-1988/1992).

Ano de observação	Número de aldeias	Médio T.	T. máximo	T. mínimo
1983 - 1987	30	90 %	73 %	96 %
1988 - 1992	30	89 %	69 %	100 %
Ano de observação	**Número de aldeias**	**Médio T.**	**T. máximo**	**T. mínimo**
1983 - 1987	166	89 %	25 %	100 %
1988 - 1992	166	87 %	42 %	100 %

Fontes de dados : Base de dados Niakhar e cálculos próprios.

Figura 4Proporção de partos domiciliários nas aldeias do SSD de Niakhar (1983-1987).

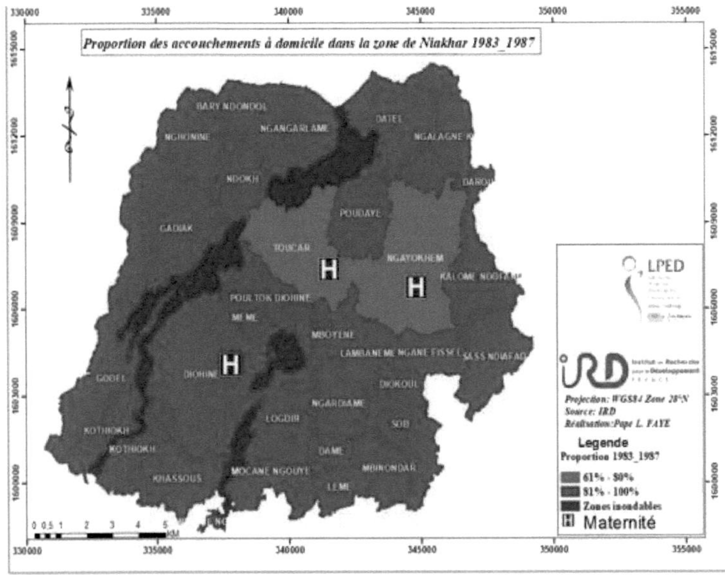

Fontes de dados : Base de dados Niakhar e os nossos próprios cálculos

Figura 5Proporção de partos em casa nas aldeias do SSD de Niakhar (1988-1992)

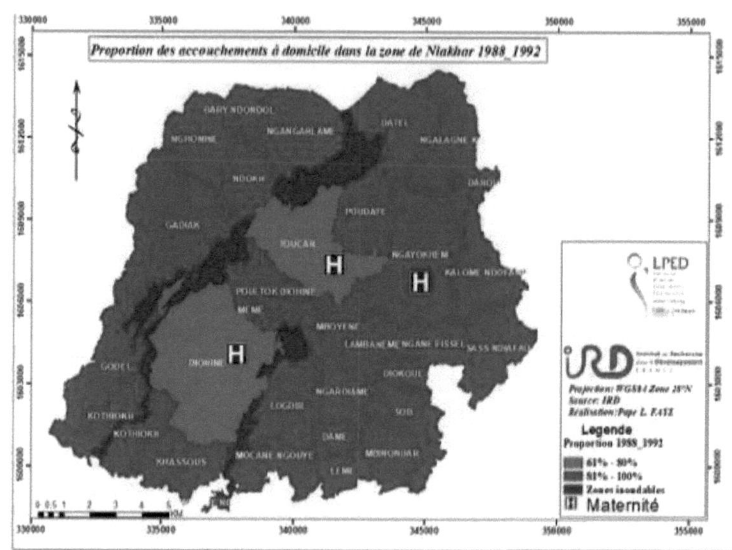

Fontes de dados : Base de dados Niakhar e os nossos próprios cálculos

I.1.2. A década (1993 - 1997) (1998 - 2002)

O período (1993 - 2002) mostra que a assistência por pessoal de saúde qualificado durante o parto continua a ser muito fraca, sobretudo nas aldeias que não dispõem de posto de saúde. Em contrapartida, as aldeias situadas nas proximidades dos postos de saúde, como Poudaye, Kalome Ndofane, Ngane Fissel e Darou, registaram uma ligeira subida na utilização dos cuidados de maternidade. Estas aldeias estão próximas das aldeias de Ngayokhème e Toucar, que estão equipadas com postos de saúde (ver figura 3). Além disso, a taxa diminuiu durante o primeiro período (1993-1997), bem como durante o segundo período (1998-2002), no seu conjunto. Entre 1993 e 1997, a taxa média de nascimentos no domicílio para o conjunto do Observatório foi de 85%, com um mínimo de 57% e um máximo de 97%. No segundo período da década (1998 - 2002), a média foi de 83%, com um mínimo de 53% e um máximo de 94% (ver Quadro 5). No entanto, deve notar-se que a tendência na assistência qualificada ao parto na área do observatório de Niakhar mostra alguma irregularidade durante este período, com oscilações observadas nas diferentes aldeias do observatório.

Tabela 5Taxa média, taxa mínima e taxa máxima de partos domiciliários de (1993 - 1997) - (1998 - 2002)

Ano de observação	Número de aldeias	Médio T.	T. mínimo	T. máximo
1993 - 1997	30	85 %	57 %	97 %
1998 - 2002	30	83 %	53 %	94 %
Ano de observação	Número de aldeias	Médio T.	T. mínimo	T. máximo
1993 - 1997	166	84 %	25 %	100 %
1998 - 2002	166	82 %	0 %	100 %

Fontes de dados : Base de dados Niakhar e os nossos próprios cálculos

Uma análise mais detalhada revela que a taxa mais elevada de nascimentos em casa foi registada na aldeia de Lambanéme, com 97% durante a primeira metade da década. Em contrapartida, esta taxa foi observada na segunda metade da década na aldeia de Bary Ndondol. As aldeias de Darou, Khassous, Mokane Gouye, Ngalagne Kop, Ngane Fissel e Sob registaram um crescimento muito irregular e incoerente. Por exemplo, a aldeia de Darou tinha uma taxa de partos ao domicílio de 57% entre (1993 - 1997), depois esta taxa subiu para 80% no período (1998 - 2002), tal como a aldeia de Ngalagne Kop, que passou de 78% no primeiro período para 85% na segunda metade da década. Na zona de Niakhar, em particular nas aldeias da área de influência do posto de saúde de Ngayokhème, esta irregularidade explica-se pela capacidade limitada deste posto de saúde, apesar de ser responsável por uma população bastante numerosa (a população responsável pelos postos de saúde de Ngayokhème e Toucar era de 29 268 habitantes em 2016). Além disso, este posto de saúde encontrava-se num estado avançado de degradação e sofria da ausência de um enfermeiro, o que reduzia consideravelmente o seu funcionamento.

Nos bairros SSDS - Niakhar, a taxa de partos domiciliários é muito heterogénea. Durante este período, alguns bairros registaram uma taxa nula de partos domiciliários, enquanto outros ultrapassaram os 90%. Esta disparidade pode ser observada em muitas aldeias, como Toucar, onde o bairro Kama - Kama tem uma taxa de 29%, em comparação com 88% no bairro Niolélém Niénen. Em Diohine, o bairro de Sassar regista a taxa mais baixa, com 33%, contra 77% no bairro de Thitar. Da mesma forma, na aldeia de Ngayokhème, a disparidade é notável entre o bairro Centre de Ngayokhème, que não regista nenhum parto domiciliário, e o bairro Diayénne, que apresenta uma taxa de 89%.

Figura 6Proporção de partos domiciliários no SSDS de Niakhar (1993-1997)

Fontes de dados : Base de dados Niakhar e os nossos próprios cálculos

Figura 7Proporção de partos domiciliários no âmbito do SSDS de Niakhar (1998-2002)

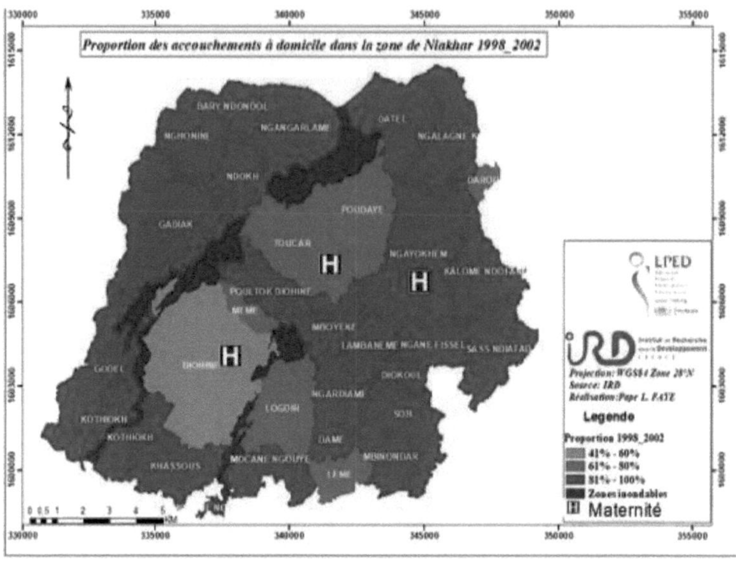

Fontes de dados : Base de dados Niakhar e cálculos próprios.

I.1.3. A década (2003 - 2007) (2008 - 2012)

No início dos anos 2000, a tendência dos nascimentos em casa no SSDS de Niakhar diminuiu consideravelmente. Desde o início da nossa observação (1983 - 1987) até ao início dos anos 2000, a taxa de nascimentos em casa diminuiu 7% em todo o observatório de Niakhar. A análise da década (2003 - 2012) mostra que entre (2003 - 2007), apenas dez (10) aldeias: Gadiack, Godel, Kothiokh, Khassous, Dame, Lambaneme, Diokoul, Poudaye, Datel, Ngalagne Kop permaneceram na faixa de 81% a 100%, enquanto Diohine e Darou registaram as taxas mais baixas. Durante este período, dez (10) aldeias situavam-se entre 81% e 100%, dezoito (18) aldeias entre 61% e 80% e duas (2) aldeias entre 41%

e 60%. Em contraste, de 2008 a 2012, apenas quatro (4) aldeias - Godel, Mboyène, Lambanéme e Datel - permaneceram na faixa de 81% a 100%, quinze (15) aldeias entre 61% e 80% e dez (10) aldeias entre 41% e 60%. Esta descida pode ser explicada pela melhoria da prestação de cuidados de saúde na zona de Niakhar durante este período. Não só através da construção de novos postos de saúde, mas também através da renovação de dois (2) postos de saúde: o de Ngayokhème em 2008, no âmbito do Projeto de Apoio aos Sistemas de Saúde nas Regiões Médicas de Kaolack e Fatick (ASSRMKF) da Cooperação Técnica Belga (BTC), e o posto de saúde católico privado de Diohine, renovado entre 2009 e 2010 pelo Club International Féminin. Estas renovações, juntamente com a construção de novos consultórios e maternidades, reforçaram consideravelmente o sistema de saúde da região, em resposta a um crescimento demográfico sem precedentes e a uma procura crescente de cuidados.

Tabela 6Taxa média, taxa mínima e taxa máxima de partos domiciliários de (2003 - 2007) (2008 - 2012)

Ano de observação	Número de aldeias	Médio T.	T. mínimo	T. máximo
2003 - 2007	30	74 %	49 %	90 %
2008 - 2012	30	65 %	32 %	83 %
Ano de observação	**Número de Hamlets**	**Médio T.**	**T. mínimo**	**T. máximo**

2003 - 2007	166	76 %	29 %	100 %
2008 - 2012	166	50 %	0 %	100 %

Fontes de dados : Base de dados Niakhar e os nossos próprios cálculos

Durante este período, registaram-se disparidades muito acentuadas entre bairros, nomeadamente na segunda metade da década de 2008 a 2012. Durante este período, a taxa de partos domiciliários variou entre 0% e 100%, consoante o bairro. As aldeias de Mbinondar, Sass Diaffadji e Ngalagne Kop, com os seus respectivos bairros de Khoudombedj, Mbin Bouré e Ndialo Dialo, registaram a taxa mais elevada, superior a 90%. Entretanto, alguns bairros, como o bairro central de Ngayokhème e Diobéne de Kalome Ndoffane, registaram uma taxa inferior a 30%. Basicamente, no observatório de Niakhar, apenas 38 dos 166 bairros estavam abaixo da marca dos 50% de partos domiciliários durante este período.

Figura 8Proporção de partos domiciliários no SSDS de Niakhar (2003-2007).

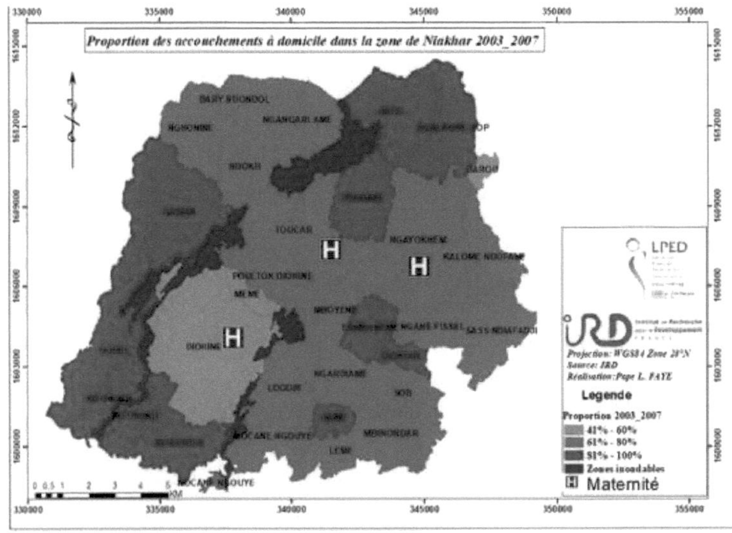

Fontes de dados : Base de dados Niakhar e os nossos próprios cálculos

Figura 9Proporção de partos domiciliários no SSDS de Niakhar (2008-2012).

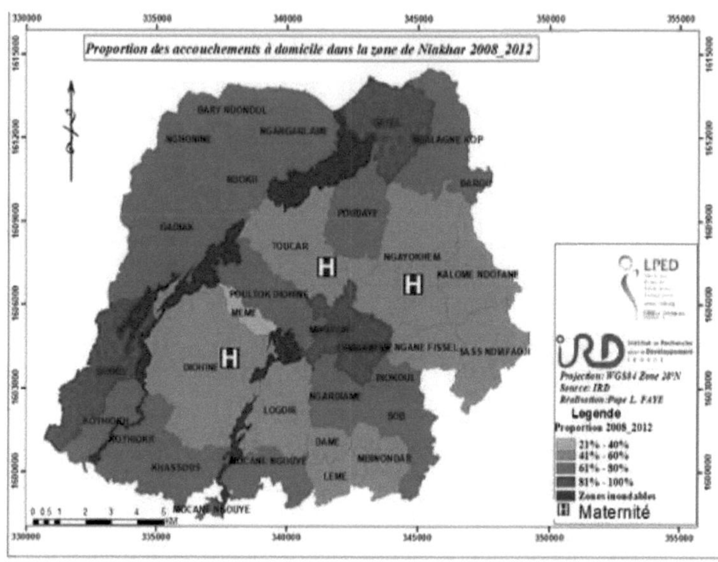

Fontes de dados : Base de dados Niakhar e os nossos próprios cálculos

I.1.4. A situação em (2013 - 2017)

O período de 2013 a 2017 é o último intervalo de cinco (5) anos considerado na análise da dinâmica dos nascimentos no domicílio no SSDS de Niakhar. Este período é notável pelo declínio acentuado da taxa de nascimentos no domicílio. Entre 2008 - 2012 e 2013 - 2017, esta taxa diminuiu significativamente, registando uma queda de 16%. Ao mesmo tempo, este período foi marcado por um reforço da prestação de cuidados de saúde com a abertura do posto de saúde público na aldeia de Diohine em 2014, bem como do novo posto de saúde de Toucar para substituir o antigo e degradado posto criado em 1953. Toucar beneficiou de um novo e moderno posto de saúde com uma maternidade, graças à iniciativa dos residentes da aldeia que vivem em França, no âmbito do Programa de Apoio às Iniciativas de Solidariedade para o Desenvolvimento (PAISD).

Este período foi marcado pelo desaparecimento das taxas de natalidade domiciliária de 81% a 100% em toda a região de Niakhar. Apenas oito (8) aldeias em trinta (30), nomeadamente Godel, Khassous, Gadiack, Ngonine, Ngangarlame, Datel, Poudaye e Mboyène, se mantiveram entre 61% e 80%. Em contrapartida, treze (13) aldeias, entre as quais Kothiokh, Mokane Gouye, Mbinondar, Dame, Ngardiam, Sob, Diokoul, Gane fissel, Poultock, Toucar, Ndokh, Bari Ndondol e Ngalagne kop, registaram taxas entre 41% e 60% (ver figura 5). No entanto, a situação a nível dos bairros apresenta disparidades em relação à taxa global do período. Por exemplo, 87 bairros da zona de Niakhar registaram taxas entre 50% e 100%, enquanto nenhuma aldeia teve uma taxa superior a 80%.

Figura 10Proporção de partos domiciliários no SSDS de Niakhar (2013-2017).

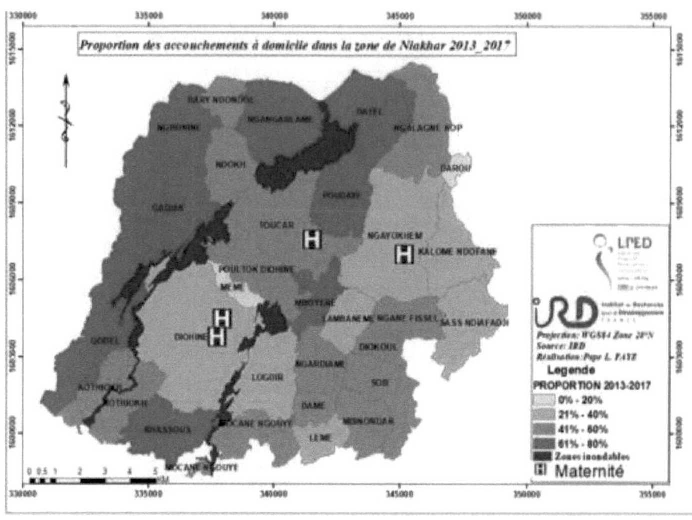

Fontes de dados : Base de dados Niakhar e cálculos próprios.

Tabela 7Taxa média, taxa mínima e taxa máxima de partos domiciliários em (2013 - 2017).

Ano de observação	Médio T.	T. mínimo	T. máximo
2013 - 2017	49 %	12 %	78 %
Hamlet	**Médio T.**	**T. mínimo**	**T. máximo**
2013 - 2017	64 %	0 %	100 %

Fontes de dados : Base de dados Niakhar e os nossos próprios cálculos

Capítulo 2: Distribuição espacial e temporal dos partos domiciliários de 2017 a 2020.

I. A situação em (2017)

Em 2017, os partos domiciliários diminuíram significativamente no SSDS - Niakhar. Desde o início da nossa observação em 1983 até 2017, a taxa média de partos domiciliários diminuiu 47%. Durante este ano (2017), tornou-se evidente que mais de metade das aldeias que compõem o observatório de Niakhar tinham uma taxa de nascimentos no domicílio inferior a 50%, com exceção de oito (8) aldeias: Gadiack, Khassous, Datel, Poudaye, Ndokh, Ngonine, Mboyéne, Kothiokh.

Figura 11Proporção de partos domiciliários no SSDS de Niakhar em 2017.

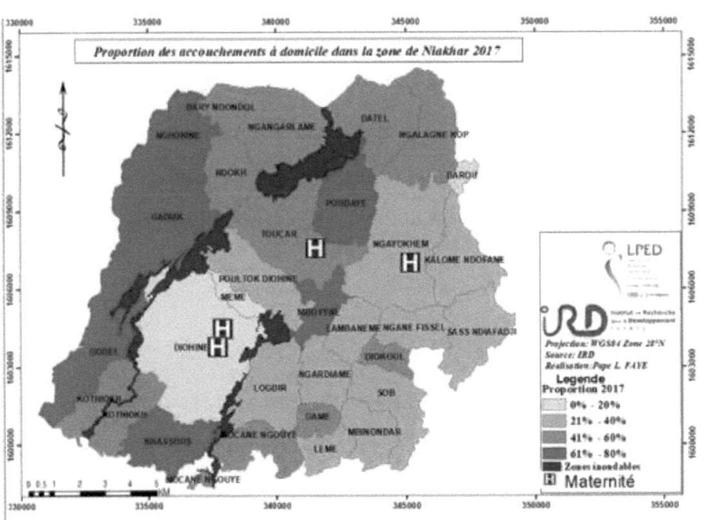

Fontes de dados : Base de dados Niakhar e os nossos próprios cálculos

Mesa 8Taxa média, taxa mínima e taxa máxima de partos domiciliários em (2017).

Ano de observação	Médio T.	T. mínimo	T. máximo
2017	43 %	0 %	73 %
Hamlet	Médio T.	T. mínimo	T. máximo
2017	45 %	0 %	100 %

Fontes de dados : Base de dados Niakhar e os nossos próprios cálculos

Contrariamente à situação nas aldeias, os bairros do observatório de Niakhar apresentam uma grande disparidade: 21 dos 166 bairros apresentam taxas de natalidade domiciliária entre 81% e 100%. Esta disparidade é tanto mais notável quanto se observa mesmo no interior dos bairros das aldeias que dispõem de postos de saúde, como é o caso de Ngayokhème, onde o bairro Centro apresenta uma taxa inferior a 10%, enquanto os bairros Mbind Jaga, Monème e Dialo apresentam taxas superiores a 50%.

I.1.6. A situação de (2018)

Em 2018, a proporção média de partos domiciliários na área do observatório de Niakhar foi de 33%, com um máximo de 67% e um mínimo de 0%. Durante este período, algumas aldeias, como Leme, Kalome Ndoffane, Meme e Darou, não registaram qualquer parto domiciliário. No entanto, das 30 aldeias da área de Niakhar, apenas 9 (Datel, Ngangarlame, Godel, Ngardiam, Ngalagne kop, Ngonine, Sass

Ndiafadj, Mboyéne e Kothiokh) registaram uma taxa de partos domiciliários superior a 50%. Em particular, a taxa mais elevada foi observada na aldeia de Kothiokh. De notar também que estas aldeias, situadas num raio de 5 km, são parcial ou totalmente cobertas pelos postos de saúde de Diohine, Toucar e Ngayokhème.

Tabela 9Taxa média, taxa mínima e taxa máxima de partos domiciliários em (2018).

Ano de observação	Médio T.	T. mínimo	T. máximo
2018	33 %	0 %	67 %

Fontes de dados : Base de dados Niakhar e cálculos do autor.

Figura 12Proporção de partos domiciliários no SSDS de Niakhar em 2018

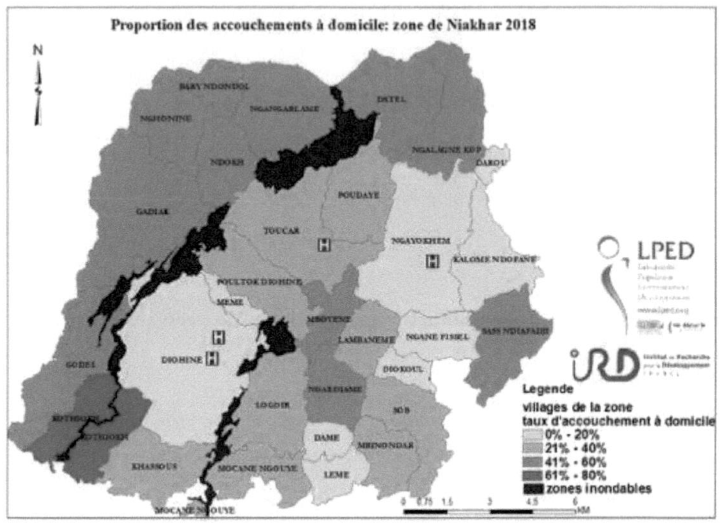

Fontes de dados : Base de dados Niakhar e cálculos do autor.

I.1.7. A situação em (2019)

Para 2019, a proporção média de partos domiciliários na área do observatório de Niakhar é de 26%, com um máximo de 61% e um mínimo de 0%. No entanto, apenas a aldeia de Darou não registou nenhum parto domiciliário durante este ano. Entre 2018 e 2019, a taxa média de partos domiciliários não assistidos diminuiu 7%. No entanto, as aldeias de Dame, Ngonine e Godel registaram as taxas mais elevadas durante este ano, atingindo 50%, 56% e 61%, respetivamente. É também importante notar que as aldeias de Godel e Ngonine já se encontravam nesta mesma categoria no ano anterior (2018).

Mesa 10Taxa média, taxa mínima e taxa máxima de partos domiciliários em (2019).

Ano de observação	Médio T.	T. mínimo	T. máximo
2019	26 %	0 %	61 %

Fontes de dados : Base de dados Niakhar e cálculos do autor.

Figura 13Proporção de partos domiciliários no SSDS de Niakhar em 2019

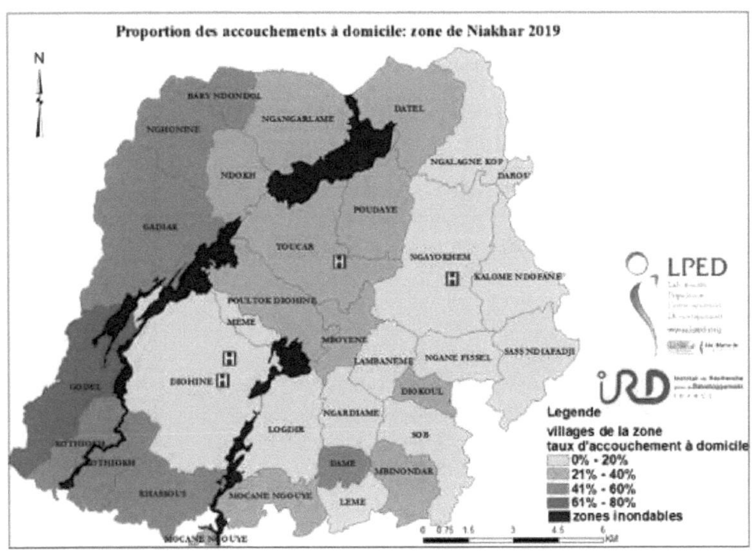

Fontes de dados : Base de dados Niakhar e cálculos do autor.

I.1.8. A situação em (2020)

Em 2020, em média, em cada 100 nascimentos registados pelo SSDS - em Niakhar, apenas 20 não foram assistidos por pessoal de saúde qualificado, com um máximo de 53% e um mínimo de 0%. De 2017 a 2020, ano em que se iniciou a nossa análise isolada dos anos, o número médio de nascimentos não assistidos diminuiu 23%. Além disso, as aldeias de Leme, Dame, Diokoul, Meme e Darou não registaram nenhum caso de parto domiciliário durante este ano. No entanto, apenas duas aldeias atingiram uma taxa de partos domiciliários de 50%: Datel e Kothiokh, com taxas de 51% e 53%, respetivamente.

Mesa 11Taxa média, taxa mínima e taxa máxima de partos domiciliários em (2020).

Ano de observação	Médio T.	T. mínimo	T. máximo
2020	20 %	0 %	53 %

Fontes de dados : Base de dados Niakhar e cálculos do autor.

Figura 14Proporção de partos domiciliários no SSDS de Niakhar em 2020.

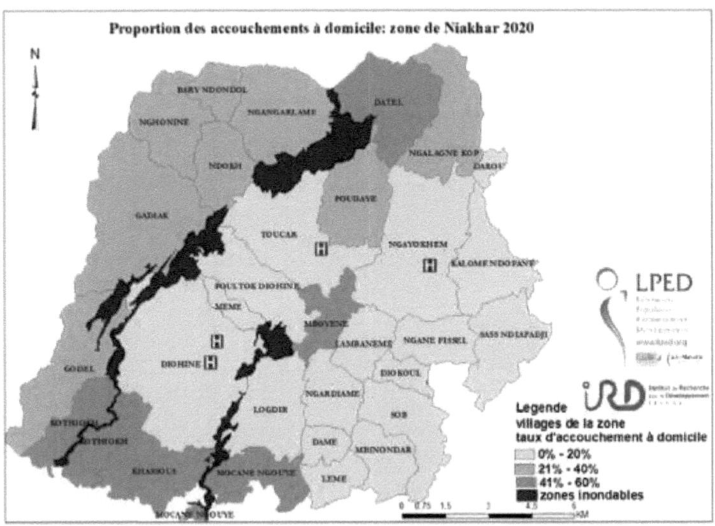

Fontes de dados : Base de dados Niakhar e cálculos do autor.

Mesa 12Taxa de partos domiciliários no SSD de Niakhar de 1983 a 2017

NOME DA ALDEIA	Nascimentos no domicílio 1983/1987 em % de nascimentos	Nascimentos no domicílio 1988/1992 em % de nascimentos	Parto em casa 1993/1997 (%)	Partos domiciliários 1998/2002 em	Nascimentos no domicílio 2003/2007 em % do total	Partos domiciliários 2008/2012 em	Partos domiciliários 2013/2017 em % do total	Nascimentos no domicílio em 2017 em % do total	Nascimentos no domicílio em 2018 em % do total	Nascimentos no domicílio em 2019 em % do total	Parto domiciliário 2020 em % do total
BARY NDONDOL	93,79	90,79	95,68	93,98	73,49	75,78	53,60	45,31	45	41	38
DAME	92,11	87,50	90,24	82,93	80,85	55,56	56,00	50	20	50	0
DAROU	87,50	100,00	57,14	80,00	58,33	68,18	11,76	-	-	-	-
DATEL	96,52	97,08	94,27	91,38	90,36	83,61	70,42	58	50	21	51
DIOHINE	87,89	76,86	66,73	52,80	49,10	44,09	30,24	15,12	10	10	9
DIOKOUL	89,04	89,33	91,94	81,36	80,60	70,83	55,38	50	18	23	0
GADIAK	90,81	89,08	88,65	81,58	82,60	79,77	73,52	73,43	46	46	22
GODEL	92,82	90,56	89,64	85,60	81,89	82,52	66,56	66	51	61	36

KALOME NDOFANE	81,08	82,35	77,99	84,71	70,19	52,41	28,75	25	-	3	8
KHASSOUS	92,50	86,84	87,01	84,31	81,71	75,35	62,43	63,15	31	46	42
KOTHIOKH	92,78	94,78	88,33	85,46	81,21	73,15	58,53	54,16	67	49	53
LAMBANE ME	91,18	80,77	97,32	90,52	83,06	81,90	38,98	24,24	33	8	4
LEME	94,44	91,18	88,00	68,57	73,33	53,49	39,29	40	-	14	-
LOGDIR	95,59	91,39	90,27	76,64	74,39	50,84	34,28	34	33	20	16
MBINONDAR	90,20	89,52	88,79	86,27	62,20	57,45	47,79	33,33	37	24	4
MBOYENE	93,46	89,89	92,41	90,22	79,38	82,09	77,92	73,33	59	29	47
MEME	88,46	96,97	85,19	80,00	52,38	32,14	18,00	11,11	-	11	0
MOCANE NGOUYE	93,69	90,41	84,50	90,00	75,57	63,37	59,20	50	29	31	45
NDOKH	92,05	87,59	95,52	86,21	70,92	75,98	52,22	58,33	44	33	36
NGALAGNE KOP	88,73	94,67	84,97	90,31	86,41	69,96	49,65	52	53	20	22

NGANE FISSEL	87,59	83,33	79,03	88,68	65,00	53,70	40,67	30	17	12	6
NGANGAR LAME	96,12	94,91	90,84	90,60	76,26	78,85	63,66	56,16	50	36	27
NGARDIA ME	92,31	89,81	85,05	82,52	76,03	70,69	54,05	33,33	51	10	14
NGAYOKH EME	79,39	83,75	73,43	87,47	70,50	43,63	27,62	26,37	16	13	8
NGHONINE	92,72	90,20	90,71	88,83	76,69	76,92	63,02	65,09	54	56	39
POUDAYE	84,85	81,52	79,90	78,24	82,53	67,13	65,85	61,22	36	33	24
DIOÍNA DE POULTOK	95,28	89,52	91,34	80,51	79,43	64,20	45,56	31,81	28	23	20
SASS NDIAFADJI	93,08	90,85	86,62	81,56	65,52	50,00	32,08	30,23	57	13	8
SOB	90,77	92,51	84,98	90,15	68,78	61,74	47,84	37,03	30	11	16
TOUCAR	73,36	69,88	64,62	67,88	79,86	54,55	41,14	40,13	24	23	10

Fontes de dados : Base de dados Niakhar e os nossos próprios cálculos

Conclusão parcial

A análise espácio-temporal da dinâmica dos partos domiciliários no observatório da população e da saúde de Niakhar revela uma melhoria significativa da utilização dos cuidados de saúde materna. De facto, no início da nossa análise, em 1983, o recurso às instituições de saúde durante a gravidez e o parto era inferior a 10% no conjunto do observatório de Niakhar. Desde então, esta situação evoluiu de forma muito irregular, variando consoante as unidades geográficas como as aldeias e os bairros. Esta tendência oscilante deve-se principalmente a uma melhoria desigual da prestação de cuidados de saúde, que afecta o equipamento, o pessoal e a qualidade dos cuidados. No entanto, é importante notar que, apesar da prestação satisfatória de cuidados de maternidade em algumas aldeias e bairros, a percentagem de partos em casa continua a ser elevada. Isto deve-se a uma combinação de factores socioculturais, socioeconómicos e demográficos. Por conseguinte, é crucial adotar uma abordagem multidisciplinar, incluindo inquéritos no terreno utilizando métodos de recolha e análise de dados qualitativos, para compreender os factores determinantes que influenciam a utilização dos cuidados de saúde. É este o objetivo da próxima fase da nossa análise.

PARTE DOIS: Determinantes do parto domiciliário no Sistema de Monitorização Demográfica e de Saúde de Niakhar

Capítulo 1: Análise descritiva bivariada

Nesta secção dedicada ao segundo objetivo da nossa investigação, começamos por uma análise descritiva bivariada. Este método permitir-nos-á avaliar a correlação entre a opção de recorrer ou não às unidades de saúde durante o parto e as variáveis explicativas, através do teste do qui-quadrado (chi2). De seguida, utilizaremos o método de regressão logística para estimar as probabilidades associadas.

II.2 Variação em função da situação económica da mulher

A situação económica da mulher é um fator que influencia o recurso à assistência médica no parto. Esta diferença é estatisticamente significativa ao nível de 1% (***=P<0,001). A Figura 15 mostra uma tendência decrescente na proporção de mulheres que não utilizam assistência médica no parto à medida que a sua situação económica melhora. A proporção de mulheres que não são assistidas no parto por pessoal de saúde qualificado passa de 24% nos agregados familiares abastados para 23% nos agregados familiares de rendimento médio. A taxa mais elevada é registada entre as mulheres que vivem em agregados familiares pobres, onde 34% não receberam assistência médica durante o parto.

Figura 15Proporção (%) de partos em casa de acordo com a situação económica da mulher.

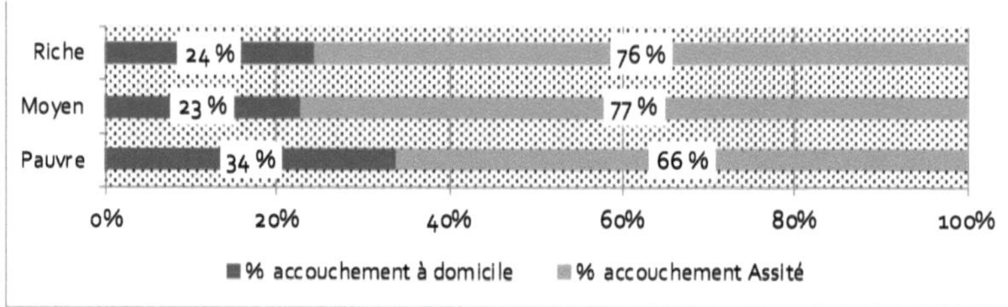

Fontes de dados : Base de dados Niakhar e cálculos do autor.

"É o meu marido que me apoia em todas as minhas necessidades de saúde, mas muitas vezes sou obrigada a gerir as minhas necessidades de cuidados de saúde sozinha devido à falta de meios no meu agregado familiar, e esta é a principal razão pela qual tive muitos partos em casa." (Ngony Sène, 35 anos, multípara, sem instrução, 5 partos em casa)

"Para mim, esta é uma das principais razões pelas quais dou sempre à luz em casa: o meu marido não tem dinheiro para pagar os meus cuidados de saúde durante a gravidez e o parto. Em vez de estar na aldeia a pedir dinheiro emprestado, prefiro confiar em DEUS e dar à luz em casa". (Sélbé Ndour, 42 anos, sem instrução, multípara, 7 partos em casa).

II.3. Variação consoante a idade da mulher.

A assistência médica durante o parto está associada à idade da mulher a um nível de significância de 1% (***, P<0,001). Existe uma correlação estatística entre a idade da mulher e a ausência de assistência de pessoal de saúde qualificado durante o parto. As mulheres mais velhas têm menos probabilidades de ter um parto assistido. Na figura acima, para as mulheres na faixa etária [35-49], 37% dos partos ocorreram em casa, em comparação com 31% para as mulheres na faixa etária [20-34]. No entanto, entre as mulheres do grupo etário [<=20], 18% dos partos foram efectuados sem a assistência de pessoal de saúde qualificado.

Figura 16Proporção (%) de partos domiciliários por idade da mulher.

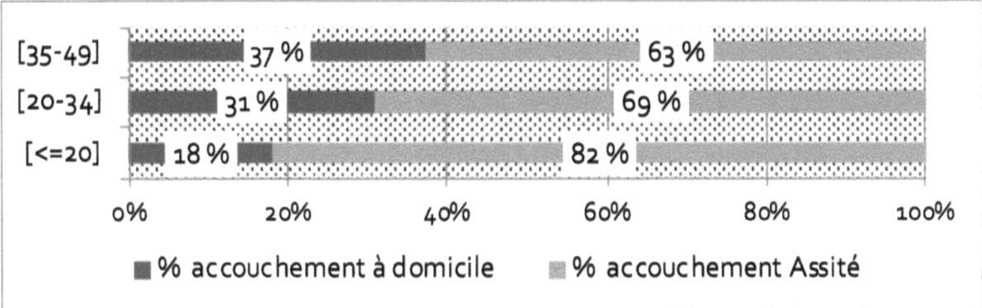

Fontes de dados : Base de dados Niakhar e cálculos do autor.

"As mães jovens estão a recorrer mais aos cuidados de saúde materna durante o parto. A maioria delas tem agora formação académica e compreende melhor os benefícios do parto assistido do que as mães mais velhas, que por vezes não têm formação académica e sabem menos. Para além disso, estas mulheres mais velhas podem sentir-se desconfortáveis ao irem ao centro de saúde devido à sua idade. Por exemplo, se uma mulher idosa engravidar ao mesmo tempo que mulheres da idade dos seus filhos, pode evitar as consultas pré-natais e o parto, correndo o risco de se cruzar com elas ou mesmo de ser tratada por parteiras mais jovens. Num ambiente apertado, as mulheres dão grande importância à sua imagem e privacidade" (Tabaski Ndour, 47 anos, multípara, sem instrução, 5 partos em casa).

II.4. Variação em função da paridade atingida.

A paridade está associada à não utilização de assistência médica no parto ao nível de 1% (***=P<0,001). A figura 17 mostra que a proporção de mulheres que não recebem assistência médica no parto aumenta com o número de filhos. De facto, de acordo com a figura acima, são as mulheres que tiveram 4 ou mais filhos que têm menos probabilidades de beneficiar de assistência médica, com 36% dos partos não assistidos por pessoal qualificado. Seguem-se as que tiveram entre 2 e 3 filhos, com uma taxa de parto domiciliário de 31%, contra 18% para as mulheres que dão à luz pela primeira vez.

Figura 17Proporção (%) de partos domiciliários por paridade atingida.

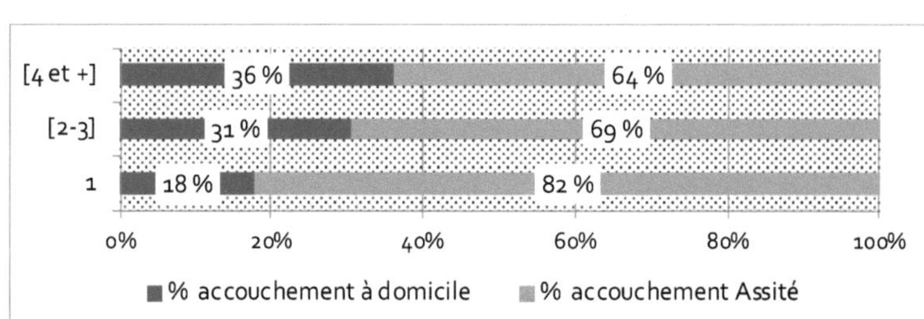

Fontes de dados: base de dados Niakhar e cálculos do autor.

II.5. Variação em função do nível de instrução da mulher.

A não utilização de assistência médica durante o parto está significativamente associada ao nível de escolaridade da mulher ao nível de 1% (***=P<0,001). A Figura 18 mostra uma tendência decrescente no número de partos não assistidos por médicos à medida que aumenta o nível de escolaridade das mulheres. No entanto, observou-se um ligeiro aumento na taxa de partos domiciliários entre as mulheres com formação universitária, em comparação com as que tinham um ensino secundário intermédio. Além disso, as mulheres sem qualquer tipo de educação têm maior probabilidade de optar por partos domiciliários, seguidas das que têm educação corânica. A proporção de mulheres sem educação que dão à luz sem assistência médica é de 34%, em comparação com 31%, 27%, 14% e 18%, respetivamente, para as mulheres com educação corânica, primária, secundária intermédia e universitária.

Figura 18Proporção (%) de partos domiciliários por nível de escolaridade da mulher.

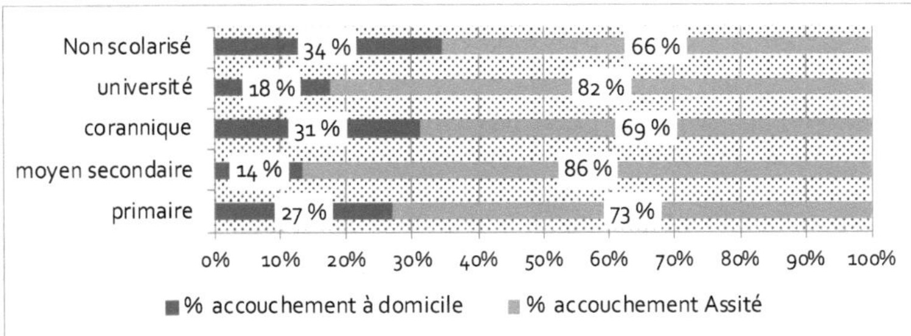

Fontes de dados : Base de dados Niakhar e cálculos do autor.

"Prefiro dar à luz no posto de saúde porque lá, as enfermeiras e as parteiras cuidam do nosso bem-estar. Por exemplo, no posto de saúde, receitam-nos muitos medicamentos que protegem a mãe e o recém-nascido. Em casa, por outro lado, não temos qualquer assistência para além dos conselhos das mulheres idosas que utilizam plantas e raízes tradicionais com virtudes medicinais, cuja eficácia é por vezes incerta".

II.6. Variação por estado civil

Se considerarmos o estado civil da mulher, a sua relação com a não utilização de assistência médica no parto está especificamente associada aos partos domiciliários ao nível de 1% (***=P<0,001). De facto, o parto em casa está associado ao estado civil da mulher. No entanto, a probabilidade de esta associação ser devida ao acaso é de 1 em 100. O parto no domicílio depende do estado civil da mulher, seja ela solteira, casada ou divorciada. De acordo com os nossos resultados, as mulheres casadas têm mais probabilidades de dar à luz em casa, seguidas pelas solteiras e depois pelas divorciadas. A taxa de partos no domicílio é de 33% para as mulheres casadas, 20% para as solteiras e 17% para as divorciadas.

Figura 19Proporção (%) de partos domiciliários por estado civil.

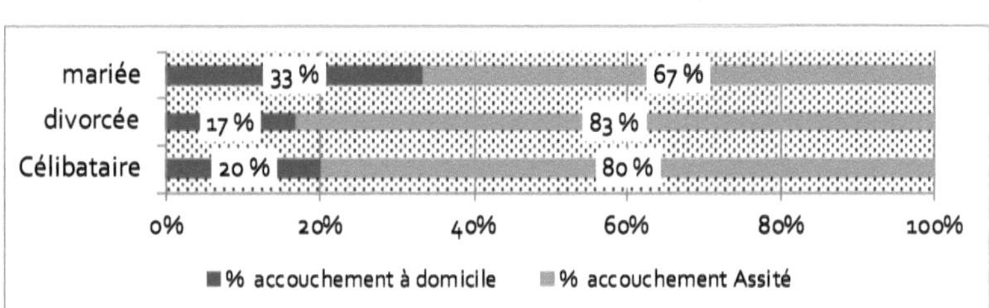

Fontes de dados: Inquérito de campo e os nossos próprios cálculos

"As mulheres solteiras dão geralmente à luz no centro de saúde porque não querem correr riscos. O parto sem assistência é muito complicado para uma mulher grávida que não vive com o seu marido. Na tradição Serer, quando as donas de casa engravidam, podem facilmente dar à luz em casa, desde que tenham trabalhado durante a gravidez. Isto permite-lhes manter um nível de aptidão física suficiente para dar à luz em casa, ao contrário das mulheres solteiras que não têm tarefas domésticas para fazer". Dibor Ndour, muçulmana, 50 anos, sem instrução, multípara, parteira tradicional

II.7. Variação de acordo com o número de consultas pré-natais

O número de consultas pré-natais (ANC) está significativamente relacionado com a não assistência ao parto por um profissional de saúde ao nível de 1% (***=P<0,001). De facto, o parto domiciliário parece estar parcialmente dependente do número de consultas pré-natais realizadas. Existe uma correlação estatística entre o número de consultas pré-natais e o parto no domicílio. Entre as mães que tiveram 2 ou menos consultas pré-natais, a taxa de partos no domicílio foi de 55%, enquanto que entre aquelas que tiveram 3 ou mais consultas pré-natais, a taxa caiu para 25%.

Figura 20Proporção (%) de partos domiciliários por número de ANC.

Fontes de dados : Base de dados Niakhar e cálculos do autor.

II.8. Variação consoante a casta da mulher

A associação entre a casta da mulher e a não utilização de assistência médica durante o parto é significativa ao nível de 1% (***=P<0,001). No observatório de Niakhar, de acordo com os resultados da figura acima, 34% das mulheres pertencentes à casta dep DB não utilizaram assistência médica durante o parto. Por outro lado, a taxa mais baixa de partos em casa foi registada entre os não-Sérères, com uma taxa de partos em casa de 14%. Entre as castas intermédias, encontramos as camponesas, as griots, as não informadas, as artesãs e as DB thiedo, com proporções de 32%, 31%, 25%, 23% e 18%, respetivamente.

Figura 21Proporção (%) de partos domiciliários por casta da mulher.

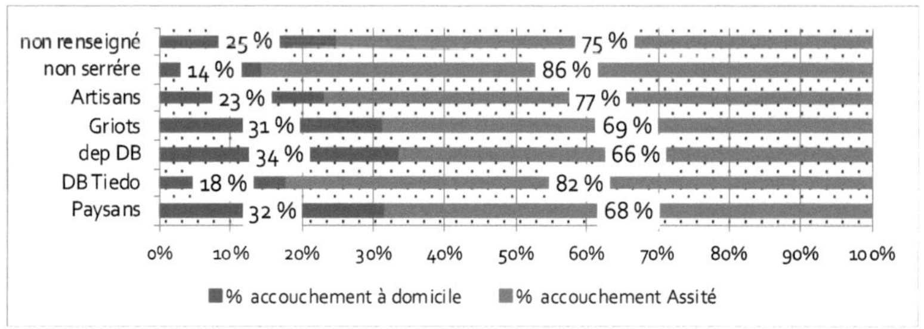

Fontes de dados : Base de dados Niakhar e cálculos do autor.

Quadro 12: Repartição dos efectivos por variável.

Variáveis	Força de trabalho	% parto domiciliário
Estado civil		
Individual	618	20
divorciado	6	17
noiva	3535	33
Total	4159	31
número de NPCs		
[Menor ou igual a 2	963	55
[Maior ou igual a 3	3959	25
Total	4922	31
Faixa etária		
[<=20]	590	18
[20-34]	3219	31

[35-49]	1094	37
Total	4903	31
Paridade alcançada		
1	689	18
[2-3]	1178	31
[4+]	2735	36
Total	4602	32
Situação **económica**		
Pobres	3435	34
Médio	619	23
Rico	868	24
Total	4922	31
Nível de educação		
primário	781	27
meios secundários	537	14
Alcorão	163	31
universidade	17	18
Não inscrito	3415	34
Total	4922	31
Casta		
Agricultores	4143	32
DB Tiedo	235	18
dep DB	178	34
Griots	201	31
Artesãos	26	23
não apertado	35	14
desconhecido	104	25
Total	4922	31

Mesa 13Associação das variáveis explicativas e da variável dependente.

Variáveis	Paridade alcançada	Estado civil	A idade da mulher
Pearson Chi2	85,9300***	42,3625***	65,4747***
Variáveis	O número de NPCs	Nível de educação da mulher	Situação económica das mulheres
Pearson Chi2	315,9572***	111,7378***	52,2502***
Variáveis	a casta da mulher.		
Pearson Chi2	27.6397***		

A análise bivariada foi realizada utilizando-se os seguintes níveis de probabilidade estatística: Não significativo (ns = $P > 0,05$); significativo (** = $0,01 < P < 0,05$); altamente significativo (*** = $P < 0,001$).

Conclusão parcial

A análise descritiva bivariada mostra que todas as variáveis seleccionadas (paridade atingida, estado civil, idade da mulher, número de consultas pré-natais, nível de escolaridade da mulher, situação económica da mulher) estão estatisticamente relacionadas com a utilização ou não utilização de uma unidade de saúde durante o parto. Por outro lado, a influência ou a ligação estabelecida entre a variável dependente e as outras variáveis explicativas não tem por objetivo demonstrar uma relação causal, mas sim visualizar ou determinar uma correlação.

Capítulo 2: Análise e interpretação dos resultados do modelo de regressão logística binária.

A análise descritiva bivariada, utilizando o teste do qui-quadrado, estabeleceu associações entre a variável dependente e as variáveis explicativas. No entanto, os resultados não permitem estabelecer relações de causalidade. Assim, o objetivo desta secção é identificar os factores associados ao fenómeno, tendo em conta os efeitos das diferentes variáveis explicativas. Para o efeito, utilizaremos a regressão logística binária. Esta parte está estruturada em 3 secções: a primeira fornece uma visão geral dos modelos analíticos e das condições da sua validade, a segunda destaca os factores que explicam a não utilização da assistência médica no parto, enquanto a terceira é dedicada à discussão dos resultados.

III.1 Apresentação do modelo de análise

Para identificar os factores que explicam a não utilização da assistência médica no parto e compreender os mecanismos pelos quais cada variável independente influencia a sua ocorrência, foram elaborados vários modelos. Utilizaremos o método top-down passo a passo (Nakache e Confais, 2003) para eliminar progressivamente as variáveis não significativas. Começaremos com um modelo que contém apenas a variável dependente, introduzindo depois gradualmente as diferentes variáveis independentes.

III.2 Correspondência entre modelos e dados

A adequação dos modelos aos dados é avaliada utilizando a probabilidade do teste do qui-quadrado. Um modelo é considerado adequado se esta probabilidade for inferior ao limiar escolhido. Para efeitos do presente estudo, o limiar de significância é fixado em 5%. As várias probabilidades associadas aos testes do qui-quadrado dos nossos modelos são inferiores a este limiar. Isto indica que, no seu conjunto, as variáveis utilizadas explicam o fenómeno.

III.3 Qualidade da adaptação dos dados aos modelos

Para ilustrar a estrutura causal do estudo, avaliamos o poder preditivo e discriminativo dos modelos. O poder de previsão dos modelos é determinado utilizando o procedimento "estat classification" no software STATA. Este teste destaca a proporção de boas previsões geradas pelo modelo. Assim, utilizando como medida a probabilidade resultante da regressão, poderemos prever, numa escala de 100, o número de mulheres que não procuram assistência médica durante o parto. Quando este valor é superior a 50%, o modelo prevê corretamente o fenómeno.

Mesa 14Taxas de previsão correctas para o modelo logístico binário

Número de previsões correctas	Número de observações	Taxa de previsão correcta
2696	3811	70.74%

Fontes de dados : Base de dados Niakhar e cálculos do autor.

Em segundo lugar, o poder de discriminação do modelo é avaliado utilizando a curva ROC (Receiver Operating Characteristics). A área sob esta curva ROC é utilizada para avaliar a exatidão do modelo em termos do seu poder de discriminação. Um elevado poder de discriminação do modelo reflecte-se num valor da área sob a curva ROC que tende para 1. A figura 22 mostra a curva ROC para o nosso modelo saturado. A área sob a curva ROC do modelo é igual a 0,6947. A baixa capacidade discriminatória dos modelos sugere que existem outras variáveis explicativas para a não utilização de assistência médica ao parto que não foram consideradas nestes modelos.

Figura 22Curva ROC mostrando o poder discriminatório do nosso modelo.

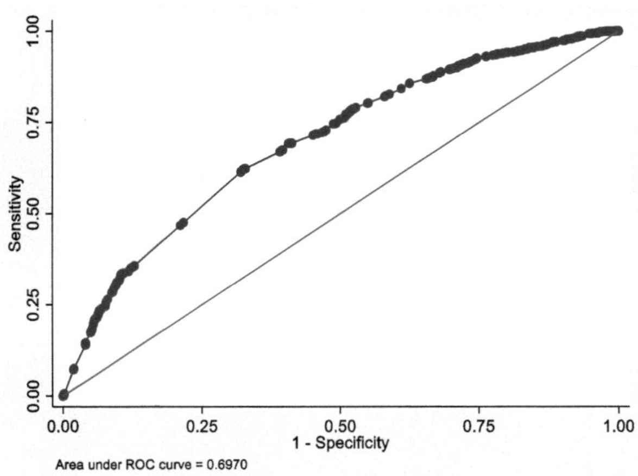

Fontes de dados : Base de dados Niakhar e cálculos do autor.

III.4 Factores que explicam a não utilização de assistência médica no parto

Mesa 15Odds ratio e estimativas de efeito marginal para os factores que explicam a não assistência dos profissionais de saúde durante o parto.

Local de nascimento	Efeito bruto	Efeito líquido		
		Rácio de probabilidade	valor de p	Efeitos marginais
Estado civil				
Ref: Individual				
Divorciado	0,788 ns	0,339 ns	0,341	-0.157
Casado	1.968***	1,265 ns	0,092	0.044
Nível de educação				
Ref: Primário				
Médio-Secundário	0.428***	0,587***	0,005	-0.092
Alcorão	1,241 ns	1,475 ns	0,067	0.079
Universidade	0,584 ns	0,638 ns	0,674	-0.079
Não inscrito	1.433***	1.211ns	0,059	0.037
Número de CPN :				
Ref: <=2				
>=3	0.278***	0,285***	0,0000	-0.278
Idade da mulher				
Ref : [<=20]				
[20-34]	2.022***	1.255 ns	0,154	0.043
[35-49]	2.674***	1,322 ns	0,122	0.053
Paridade alcançada				
Ref: 1				

[2-3]	2.025***	1,638***	0,001	0.090
[4+]	2.602***	1,793***	0,0000	0.108
Nível socioeconómico **Ref:** Pauvre				
Médio	0.569***	0,563***	0,0000	-0.109
Rico	0.625***	0,551***	0,0000	-0.113
O castelo de uma mulher Ref: Paysan				
DB Tiedo	0,468***	0,536***	0,001	-0,112
dep DB	1.094ns	0,896ns	0,585ns	-0,021
Griots	0,982ns	1,042 ns	0,825ns	0,008
Artesãos	0,645ns	0,494ns	0,17ns	-0,125
não apertado	0,358***	0,304ns	0,061ns	-0,19
desconhecido	0,717ns	0,733ns	0,253ns	-0,19
Constante		0,569***	0,006	
Prob > chi2	0,0000			
Nome de utilizador R2	0,087			
Comentários	3811			

Fontes de dados : Base de dados Niakhar e cálculos do autor.

A regressão logística é analisada utilizando os seguintes níveis de probabilidade estatística: Não significativo (ns=P>0,10); significativo ao nível de 5% (**=0,01<P<0,05); significativo ao nível de 10% (*=0,01<P<0,10).

III.4.1. Interpretação dos efeitos marginais

Os resultados do quadro acima mostram que o nível de educação da mulher, o número de consultas pré-natais, a paridade alcançada, a sua situação económica e a sua casta têm efeitos marginais significativos sobre a utilização de pessoal de saúde qualificado no momento do parto.

Por outro lado, a idade e o estado civil da mulher têm efeitos marginais não significativos sobre a utilização das instalações de saúde durante o parto.

O nível de educação, o número de consultas pré-natais, a situação económica da mulher e a casta da mulher têm efeitos negativos marginais na probabilidade de uma mulher dar à luz em casa.

Mais especificamente, o nível de instrução da mulher tem um efeito negativo sobre a probabilidade de dar à luz em casa. Se todos os outros factores se mantiverem iguais, um aumento de uma unidade no nível de instrução de uma mulher conduz a uma diminuição de 9,2% na probabilidade de dar à luz em casa entre as mulheres com um ensino secundário intermédio. Esta probabilidade não é significativa para as mulheres com formação universitária ou corânica, nem para as mulheres sem formação académica.

Da mesma forma, houve uma redução de 27,8% na probabilidade de dar à luz em casa se a mulher tivesse frequentado mais de 3 consultas pré-natais. Verificamos também que apenas as mulheres com uma situação económica estável têm menor probabilidade de dar à luz em casa. Para as mulheres com uma situação económica média, a probabilidade de dar à luz em casa diminuiu 10,9%, e 11,3% para as mulheres ricas. Do mesmo modo, a casta da mulher também tem uma influência negativa no parto em casa. De facto, um aumento de uma unidade na casta da mulher resulta numa diminuição de 11,2% para as mulheres pertencentes à casta DB Tiedo. Esta probabilidade não foi significativa para os outros grupos de castas (dep DB, Griots, artesãos, não Serrére, não conhecido). Por outro lado, a paridade tem um efeito marginal positivo sobre a probabilidade de dar à luz em casa. Para as mulheres que tiveram 2 a 3 filhos, a probabilidade de dar à luz em casa aumentou 9%, e 10,8% para as que já tinham dado à luz 4 vezes ou mais.

III.4.2. Interpretação dos rácios de probabilidade

De acordo com os resultados do nosso modelo logit, os rácios de probabilidades são os seguintes: quando variáveis como o nível de educação, o número de consultas pré-natais, a situação económica da mulher ou a casta da mulher aumentam uma unidade, aumenta a probabilidade de uma mulher ser assistida por pessoal de saúde qualificado no momento do parto.

Por exemplo, as mulheres com habilitações de nível médio-secundário têm 0,587 vezes mais probabilidades de serem assistidas por pessoal de saúde qualificado durante o parto do que as mulheres com habilitações de nível primário. No entanto, esta probabilidade não é significativa para as mulheres com educação universitária, educação corânica ou sem educação. Do mesmo modo, as mulheres com >=3 consultas pré-natais têm 0,285 vezes mais probabilidades de dar à luz numa unidade de saúde do que as mulheres com <=2 consultas pré-natais.

Em termos de situação económica, as mulheres ricas e as mulheres de estatuto económico médio tinham, respetivamente, 0,563 e 0,551 vezes mais probabilidades de receber assistência médica do que as mulheres pobres. As mulheres pertencentes à casta DB Tiedo tinham também 0,536 vezes mais probabilidades de não dar à luz em casa do que as mulheres camponesas.

No entanto, o aumento de uma unidade na paridade alcançada resulta numa diminuição da probabilidade de recorrer a uma unidade de saúde qualificada durante o parto. Esta diminuição é de 1,638 vezes para as mulheres que tiveram 2 a 3 filhos e de 1,793 vezes para as que tiveram 4 ou mais filhos.

III.4.3. Priorização dos factores explicativos

Para orientar as acções destinadas a reduzir os partos domiciliários, é essencial determinar os factores que influenciam esta tendência. Para tal, é necessário determinar o poder explicativo de cada fator, de modo a ordená-los por ordem de importância. Esta ordenação é feita através do cálculo da contribuição absoluta e relativa de cada uma das variáveis determinantes na explicação da não utilização de assistência médica ao parto. A contribuição absoluta é dada pela seguinte fórmula:

$$C variables = \frac{Chideux\ du\ modéle\ saturé - Chideux\ du\ modéle\ sans\ la\ variable}{Chideux\ du\ modéle\ saturé}$$

A contribuição relativa de uma variável obtém-se relacionando a sua contribuição absoluta com a soma total das contribuições absolutas. Os factores com a maior contribuição têm a maior influência. Apenas os factores que são decisivos na explicação, no limiar de 5%, são tidos em conta na classificação.

Mesa 16Hierarquia dos factores determinantes.

Variáveis	Qui-quadrado de modelo saturado	Qui-quadrado do modelo saturado sem a variável	Contribuição absoluto (%)	Contribuição contribuição (%)	Classificação
Número de consultas pré-natais	421.06	209.55	50 %	69,14 %	1
Situação económica das mulheres	421.06	370.09	12,10 %	16,73 %	2
Nível de educação	421.06	396.42	5,85 %	8,09 %	3
O castelo de uma mulher	421.06	402.35	4,44 %	6,14 %	4
Paridade alcançada	421.06	455.43	-0,081 %	-0,11 %	5

Fontes de dados : Base de dados Niakhar e cálculos do autor.

Tabela 17Comparação das hipóteses e dos resultados.

Os pressupostos do estudo são :	Conclusão
H1: O nível de escolaridade tem uma influência significativa na não utilização de assistência médica no parto. Esperamos que as mulheres sem instrução tenham um risco mais elevado	Confirmado

de não utilizar assistência médica no parto do que as suas homólogas com instrução.	
H2 Partimos do princípio de que a idade da mulher influencia a não utilização de assistência médica durante o parto, resultando num risco mais elevado de as mulheres mais velhas não utilizarem assistência médica durante o parto do que as mulheres mais jovens.	Não confirmado
H3: O nível de vida da mulher influencia a não utilização de assistência médica no parto, sendo mais provável que as mulheres de agregados familiares pobres não utilizem assistência médica no parto do que as que vivem em agregados familiares ricos.	Confirmado
H4 Partimos do princípio de que a paridade atingida pela mulher influencia a não utilização de assistência médica durante o parto; as mulheres que tiveram 4 ou mais filhos têm mais probabilidades de não utilizar assistência médica durante o parto do que as que dão à luz pela primeira vez.	Confirmado
H5: Presumimos que as mulheres da casta camponesa têm menos probabilidades de ter um parto assistido do que as suas homólogas de outras castas.	Confirmado
H6: Presumimos que o estado civil tem um efeito na utilização de assistência médica durante o parto. As mulheres casadas têm	

mais probabilidades de não utilizar assistência médica durante o parto do que as mulheres solteiras.	Não confirmado
H7: Supomos que as mulheres que fizeram 2 ou menos consultas pré-natais correm um risco maior de não recorrer à assistência médica durante o parto do que aquelas que fizeram 3 ou mais consultas pré-natais.	Confirmado

Os limites do estudo

Como qualquer investigação, este estudo tem limitações significativas. Em primeiro lugar, as limitações deste estudo residem na sua primeira parte. Os dados retrospectivos sobre partos domiciliários, que utilizámos da base de dados Niakhar, cobrem até o período até 2021. No entanto, o nosso estudo limitou-se ao ano de 2020 devido ao grande número de dados em falta para este período. A disponibilidade de dados recentes para 2021 ter-nos-ia, sem dúvida, dado uma melhor compreensão da dinâmica atual.

Além disso, foram também identificadas limitações na segunda parte desta investigação, nomeadamente ao nível das variáveis explicativas. Uma dessas limitações é a ausência da variável "relações de género", que reflecte o estatuto da mulher na sociedade. De acordo com Rakotondrabe (2004), o estatuto da mulher é definido como "uma posição social que lhe confere um certo prestígio dentro da sociedade, influenciando o seu acesso aos recursos, a sua capacidade de controlar esses recursos e o seu poder de decisão dentro do agregado familiar". Do mesmo modo, Sidibé (2019) salienta que "as discussões frequentes no casal sobre o planeamento familiar levam a que as preocupações da mulher nesta área e a sua saúde sejam tidas em conta". A incorporação desta variável revelou-se complexa, dado o contexto social específico do nosso campo de investigação e o carácter sensível desta variável, bem como de outros factores como a religião, a acessibilidade financeira e geográfica, a profissão do cônjuge, a qualidade dos cuidados obstétricos, etc., que devem ser tidos em conta.

De igual modo, a variável "momento do pedido de cuidados pré-natais na última gravidez" poderia ter sido um elemento essencial. De facto, de acordo com Beninguisse et al (2007), os partos domiciliários estão fortemente ligados ao tempo decorrido entre a primeira consulta pré-natal e o nascimento, com uma frequência significativamente mais elevada entre as mulheres que tiveram a sua primeira consulta após o primeiro trimestre de gravidez. As consultas pré-natais precoces são, por conseguinte, cruciais. No entanto, o rastreio dos percursos terapêuticos das mulheres deste estudo revelou-se difícil devido à retenção incompleta dos diários das consultas pré-natais e a possíveis enviesamentos na recolha de dados por entrevista, alterando potencialmente a qualidade da informação recolhida.

CONCLUSÃO GERAL

O principal objetivo desta investigação foi estudar a distribuição espacial e temporal dos partos domiciliários, a fim de identificar as zonas de risco no SSDS de Niakhar e, em seguida, determinar e analisar os factores que contribuem para este fenómeno.

Inicialmente, utilizámos dados retrospectivos da base de dados de saúde reprodutiva do Niakhar SSDS para calcular a proporção de partos domiciliários nas 30 aldeias e 166 aldeias do observatório da população e da saúde de Niakhar.

A nossa análise revelou uma distribuição muito heterogénea dos partos domiciliários na zona de Niakhar, variando de acordo com as diferentes áreas geográficas, mas seguindo uma lógica de prestação de cuidados de saúde que era ela própria heterogénea. Por exemplo, todas as aldeias da zona de Niakhar com um posto de saúde tinham taxas de parto significativamente mais baixas do que as que não tinham instalações de saúde. No entanto, uma análise mais aprofundada dos bairros destas aldeias com postos de saúde revelou disparidades nas taxas de partos domiciliários.

Após a recolha e tratamento dos dados, verificou-se que os determinantes do parto no domicílio estão sobretudo ligados a características socioeconómicas, sociodemográficas e socioculturais e a factores que afectam a prestação de cuidados.

Os resultados do modelo de regressão logística binária mostraram que as mulheres com um ensino secundário médio tinham 0,587 vezes mais probabilidades de serem assistidas por pessoal de saúde qualificado durante o parto do que as mulheres com um ensino primário. No entanto, esta probabilidade não era significativa para as mulheres com formação universitária, com formação corânica ou sem formação académica. Do mesmo modo, as mulheres que tinham frequentado >=3 consultas pré-natais tinham 0,285 vezes mais probabilidades de dar à luz numa unidade de saúde do que as que tinham frequentado <=2 consultas. As mulheres ricas e as mulheres com um estatuto económico médio tinham, respetivamente, 0,563 e 0,551 vezes mais probabilidades de receber assistência médica do que as mulheres pobres. Para além disso, as mulheres pertencentes à casta "DB Tiedo" tinham também 0,536 vezes mais probabilidades de não dar à luz em casa do que as mulheres camponesas. Por outro lado, um aumento do índice de paridade levou a uma diminuição da propensão para utilizar uma unidade de saúde qualificada durante o parto. Esta redução foi de 1,638 vezes para as mulheres que tiveram 2 a 3 filhos e de 1,793 vezes para as que tiveram 4 ou mais filhos.

Em suma, os resultados do modelo de regressão logística binária mostram que o nível de escolaridade da mulher, o número de consultas pré-natais, a paridade atingida, a situação económica da mulher e a casta da mulher são os determinantes mais significativos para explicar a descontinuidade na utilização de uma unidade de saúde durante o parto no sistema de monitorização demográfica e sanitária de Niakhar.

No entanto, estes resultados referem-se a um número limitado de variáveis. Uma análise mais exaustiva, incluindo um conjunto mais alargado de variáveis relevantes, permitir-nos-ia confirmar as relações aqui identificadas. É o que tencionamos fazer nas nossas perspectivas de investigação futuras."

REFERÊNCIAS BIBLIOGRÁFICAS

1. **Ahmed, M.A.A. (2019)** "Os determinantes da utilização ou não do parto assistido por mulheres nómadas em Gossi, Mali, e potenciais estratégias para o facilitar", p. 242.

2. **Alain, T.N.G. (2015)** "L'ACCOUCHEMENT A DOMICILE AU CAMEROUN", p. 34.

3. **Akoto E. M. (1993),** Déterminants socioculturels de la mortalité des enfants en Afrique Noire. Hypothèses et recherche d'explication, Louvain-la-Neuve, Académia, 269p.

4. **Ahmed, M.A.A. (2019)** "Os determinantes da utilização ou não do parto assistido por mulheres nómadas em Gossi, Mali, e potenciais estratégias para o facilitar", p. 242.

5. **Baya, B. (1998).** Instruction des parents et survie de l'enfant au Burkina Faso: Cas de BoboDioulasso. Les dossiers du CEPED, (48), 27.

6. **Beninguisse, G., Nikièma, B. e Fournier, P. (2003)** "L'accessibilité culturelle : une exigence de la qualité des services et soins obstétricaux en Afrique", 19, p. 24.

7. **Burrous, H.A. (2020)** "Influence interpersonnelle et soins de maternité institutionnels : Influence des individus, des quartiers et des réseaux sociaux sur la perception du besoin de soins médicaux à la naissance à Niakhar, au Sénégal", p. 49.

8. **Bénié Bi Vroh, J.** *et al* **(2009)** "Prévalence et déterminants des accouchements à domicile dans deux quartiers précaires de la commune de Yopougon (Abidjan), Côte d'Ivoire", *Santé Publique*, 21(5), p. 499.

9. **Ba Gning, S. e Sandberg, J. (2018)** "Capítulo 15. Tomber malade et en guérir sans aller au dispensaire", em Delaunay, V., Desclaux, A., e Sokhna, C. (eds) *Niakhar, mémoires et perspectives*. IRD Éditions, pp. 295-309.

10. **Barlet, M.** *et al* **(2012)** "L'Accessibilité potentielle localisée (APL): une nouvelle mesure de l'accessibilité aux médecins GPistes libéraux", p. 8.

11. **Beninguisse G. (2003),** Entre tradition et modernité. Fondements sociaux de

la prise en charge de la grossesse et de l'accouchement au Cameroun, Académia Bruylant/L'Harmattan, Louvain-la-Neuve/Paris, 298p.

12. **Beninguisse G.et Bakass F. (2007)** " Santé de la reproduction et statut des femmes dans le ménage : l'exemple du Cameroun et du Maroc " in Genre et société en Afrique, implication pour le développement, paris, les cahiers de l'INED. PP 395-415.

13. **Beninguisse G. et al (2009),** "La discontinuité des soins obstétricaux en Afrique subsaharienne" in Mémoires et Démographie, Regards croisés au Sud et au Nord; les cahiers du ciéq, pp. 366 - 385.

14. **Chippaux, J.-P. (2005)** *Recherche intégrée sur la santé des populations à Niakhar (Sahel sénégalais).* Paris: IRD Éditions.

15. **Carmen, M. (2006)** "USE OF HEALTH CARE SERVICES IN CAMEROON", p. 12.

16. **Delaunay V., Desclaux, A. e Sokhna, C. (2018)** "Niakhar, mémoires et perspectives: recherches pluridisciplinaires sur le changement en Afrique", p. 536.

17. **Delaunay, V. (2018)** "La situation démographique dans l'Observatoire de Niakhar : 1963-2014", p. 90.

18. **Delaunay, V. *et al.* (2019)** "The Niakhar Social Networks and Health Project", *MethodsX*, 6, pp. 1360-1369.

19. **Duchaine, F. *et al* (2020)** "The demographic and health situation in the Bandafassi Observatory: 1970-2016", p. 109.

20. **Diallo, H. (2018)** "Especialidade: Política pública Dissertação de investigação de mestrado 2", p. 80.

21. **Diallo B. et al (1999),** "Problèmes médicaux et culturels de l'inadéquation entre le taux de consultation prénatale et d'accouchements assistés dans les quatre régions naturelles de la Guinée", Médecine d'Afrique noire, 46 pp. 32-39.

22. **Dieng, M. *et al.* (2014)** "Determinants of the demand for care in a peri-urban environment in a subsidy context in Pikine, Senegal", p. 28.

23. **Dany, L. (2017)** "Análise de conteúdo qualitativa das representações sociais", p. 38.

24. **De Souza A. O. (1995),** La maternité chez les Bijagode Guinée-Bissau : une analyse épidémiologique et son contexte ethnologique, Les Etudes du CEPED n°9, Paris, 114p.

25. **Faye, A.** *et al* **(2010)** "Factors determining the place of delivery among women who have had at least one antenatal consultation in a health facility (Senegal)", *Revue d'Épidémiologie et de Santé Publique*, 58(5), pp. 323-329.

26. **Faye, S.L. (2008)** "Devenir mère au Sénégal : des expériences de maternité entre inégalités sociales et défaillances des services de santé", *Cahiers de Santé*, 18(3), pp. 175-183.

27. **Fournier P., e HADDAD S., (1995),** "Les facteurs associés à l'utilisation des services de santé dans les pays en développement" in La sociologie des populations, Montréal, PUM AUPELF-UREF, pp. 289-325.

28. **Gastineau, B. e Golaz, V. (2016)** "Être jeune en Afrique rurale Introduction thématique", *Afrique contemporaine*, 259(3), p. 9.

29. **Garenne, M. (2019)** "Morbilidade e causas de morte: o contributo do demógrafo", p. 18.

30. **Garenne, M.** *et al.* **(2018**) "Capítulo 7. Cinquenta anos de transição da mortalidade em Niakhar (1963-2012)", em Delaunay, V., Desclaux, A., e Sokhna, C. (eds) *Niakhar, mémoires et perspectives*. IRD Éditions, pp. 151-170.

31. **Guyavarch, E. (2007)** "En Afrique, des suivis de population sur le terrain pour mieux saisir les tendances démographiques", p. 4.

32. **Houndole, N. e Künzi, S. (2014)** "Étudiante Bachelor - Filière Sage-femme", p. 149.

33. : http://dhs program.com

34. http://collections.banq.qc.ca/ark:/52327/3995348

35. **Institut national d'excellence en santé et en services sociaux (Québec), C.,**

Brigitte, Auclair, Yannick, Guise, Michèle de, Institut national d'excellence en santé et en services sociaux (Québec) and Direction des services de santé et de l' évaluation des technologies (2019) *Sécurité du lieu et conditions de succès de l' accouchement vaginal après une césarienne: avis.*

36. **Jaffre Y. e Prual (1993),** "Le corps des sages-femmes entre identités professionnelles et sociales", Sciences sociales et santé, vol XI, n°2, pp. 63-80.

37. **Jodelet, Denise (2003).** Les représentations sociales (7ª ed.). Paris: Presses universitaires de France.

38. **Kanté, A.M. e Pison, G. (2010)** "La mortalité maternelle en milieu rural sénégalais". L'expérience du nouvel hôpital de Ninéfescha", *Population*, 65(4), p. 753.

39. **Kwete, M.B. (2016)** "Factores associados ao parto ao domicílio na Zona de Saúde Rural de Lemera, RD Congo", 17(4), p. 7.

40. **Kalilou, O. (2019)** "Explanatory factors for home birth in the village of Namassi (North-East cote d'ivoire)", p. 14.

41. **Leroy, O. e Garenne, M. (1980)** "La mortalité par tétanos néonatal: la situation à Niakhar au Sénégal", p. 9.

42. **Messi, E. e Yaye, W. (2017)** "Contraintes À L'accès Aux Soins De Santé Maternelle Dans La Ville De Maroua", *The International Journal of Engineering and Science*, 06(01), pp. 13-21.

43. **Munyemana, M. e Kakoma, J.B. (2010)** "Facteurs influençant le lieu d'accouchement dans le district de Nyaruguru (Province du sud du RWANDA)", 68, p. 5.

44. **MASUY-STROOBANT (1996),** "Théories et schémas explicatifs de la mortalité des enfants", in: Casseli, Vallin et Wunsch, G. (eds), Démographie : analyse et synthèse. Causas e consequências da evolução demográfica, Dipartimento di Scienze Demografiche e CEPED, Roma e Paris, San Miniato, vol. 2, pp. 193-207. 2, pp. 193-207.

45. **Mitchell, M.N. (2004)** *A visual guide to stata graphics.* College Station, Texas: Stata Press.

46. **Mizrahi, Andrée e Mizrahi, Arié (2010)** "La densité répartie : un instrument de mesure des inégalités géographiques d'accès aux soins", *Villes en parallèle*, 44(1), pp. 94-113. doi:10.3406/vilpa.2010.1474.

47. **MEBTOUL, M. (1993),** La santé au quotidien : le dispensaire du quartier d'El Hamri (ORAN), in: Sciences sociales et santé, Vol. XI, n°2, pp. 41-62.

48. **Nkurunziza, M. (2015)** "Accoucher à domicile malgré la gratuité des soins: Le cas du milieu rural burundais", *Autrepart*, 74-75(2), p. 85.

49. **Ngom, N.F. (2017)** "L'assistance médicale à l'accouchement au Sénégal", p. 373.

50. **Ngoné Déguène Samb e Papa Sakho (2012)** "Déterminants de l'utilisation des services de santé de la reproduction (SR) par les populations de transhumants pastoraux de la région de Matam".

51. **Nkoumou Ngoa, G.B. (2020)** "GRATUITÉ DES SOINS ET UTILISATION DES SERVICES DE SANTÉ MATERNELLE - UNE ANALYSE D'IMPACT AU *SÉNÉGAL*" *l'actualité économique*, 96(2), p. 159.

52. **Ndiaye, P. *et al* (2005)** "Déterminants socioculturels du retard de la 1re consultation prénatale dans un district sanitaire au Sénégal", *Santé Publique*, 17(4), p. 531.

53. **Nankwanga, A. (2004),** Factores que influenciam a utilização de serviços pósnatais nos hospitais Mulago e Mengo, Kampala, Uganda, Minitese para um Mestrado em Fisioterapia.

54. **Niang, A. e Handschumacher, P. (1998)** "et recours aux soins de santé primaires", p. 25.

55. **Olivier de Sardan Jean-Pierre, Adamou Moumouni, Aboubacar Souley, 1999,** "L'accouchement c'est la guerre - De quelques problèmes liés à l'accouchement en milieu rural nigérian"], pp. 1-125.

56. **Ochako R., Fotso J.-C., Ikamari L., Khasakhala A. [2011],** 'Utilization of maternal health services among young women in Kenya: Insights from the Kenya demographic and health survey, 2003', *BMC pregnancy and childbirth*,

vol. 11, no. 1, pp. 1-9: www.biomedcentral. com/1471-2393/11/1 (página acedida em 3 de fevereiro de 2011).

57. **Magadi M. A., Agwanda A. O., Obare F. O. [2007]**, "A comparative analysis of the use of maternal health services between teenagers and older mothers in sub-Saharan Africa: Evidence from demographic and health surveys (DHS)", *Social science and medicine*, no 64, pp. 1311-1325.

58. **Bénie Bi Vroh Joseph, Timbre Issaka, Zengbe Acray Pétronille, Gueu Doua Judith , N'cho Simplice Dagnan et Tagliante-Saracino Janine, Santé Publique 2009/5 (Vol. 21), 2009** " Prévalence et déterminants des accouchements à domicile dans deux quartiers précaires de la commune de Yopougon (Abidjan), Côte d'Ivoire ", Santé Publique, volume 21, no. 5, p. 499-506.

59. **Pison, G. *et al* (1989***)* "L'influence des changements sanitaires sur l'évolution de la mortalité : le cas de Mlomp (Sénégal) depuis 50 ans", p. 36.

60. **Pison, G. *et al* (2000)** "La mortalité maternelle en milieu rural au Senegal", *Population (Edição francesa)*, 55(6), p. 1003.

61. **Pison, G. *et al* (1989)** "L'influence des changements sanitaires sur l'évolution de la mortalité : le cas de Mlomp (Sénégal) depuis 50 ans", p. 36.

62. **Pebley Anne, Goldman Noreen, Rodriguez German, 1996,** "Prenatal and delivery care and childhood immunization in Guatemala: do family and community matter", Demography, vol. 33, no. 2, pp. 231-247.

63. **Rakotondrabe, F. P. (2001, julho).** Contribution du genre à l'explication de la santé des enfants: cas de Madagascar. In *Colloque International Genre, Population et Développement en Afrique.*

64. **Sangho, O. *et al* (2020)** "Comparaison des déterminants de l'accouchement à domicile dans deux quartiers en commune V de Bamako", p. 7.

65. **Sandberg, J. *et al.* (2012)** "Social learning about levels of perinatal and infant mortality in Niakhar, Senegal", *Social Networks*, 34(2), pp. 264-274.

66. **Sandberg, J. *et al.* (2019)** "Aprendizagem social, influência e etnomedicina: influências individuais, da vizinhança e da rede social na adesão a um modelo

cultural etnomédico no Senegal rural", *Social Science & Medicine*, 226, pp. 87-95.

67. **Sandberg, J.** *et al.* **(2020)** "A latent class analysis of attitudes concerning the acceptability of intimate partner violence in rural Senegal", *Population Health Metrics*, 18(1), p. 27.

68. **Sandberg, J.F.** *et al* **(2021)** "Individual, Community, and Social Network Influences on Beliefs Concerning the Acceptability of Intimate Partner Violence in Rural Senegal", *Journal of Interpersonal Violence*, 36(11-12), pp. NP5610-NP5642.

69. **Sandberg, J.** *et al* **(2012)** "Interpersonal Influence on Beliefs Concerning Childbirth Location in Rural Senegal: Evidence from the Niakhar Social Networks Pilot Survey", p. 30.

70. **Stephenson R., Ong Tsui A. [2002]**, "Contextual influences on reproductive health service use in Uttar Pradesh, India", Studies in family planning, vol. 33

71. °**SINGH P. K., KUMAR R. R., MANOJ A., Singh L. [2012]**, "Determinants of maternity care services utilization among married adolescents in rural India", *PLoS One*, vol. 7, n 2, pp. 1-14.

72. **Sala-Diakanda (1999),** Recherche des facteurs d'un recours de qualité aux soins pendant la grossesse, l'accouchement et le post-partum, Cas de la ville de Bafia, Dissertação de DESSD, Universidade de Yaoundé II, IFORD, 96p.

73. **Soubeigua, D. (2005),** La continuité des soins obstétricaux au Burkina Faso: Niveaux et déterminants, dissertação de DESSD, IFORD, Universidade de Yaoundé II, 132p.

74. **Vallin J., Caselli J. e Surault P. (2002),** "Comportements, styles de vie et facteurs socioculturels de la mortalité" in Démographie : analyse et synthèse. Les Déterminants de la mortalité, vol. III editado por Graziella Caselli, Jacques Vallin e Guillaume Wunsch, Editions de l'INED pp: 255-305.

75. **Wilfried, M.G.-H., Jérôme, A.-N. e Valentin, E.K. (2018)** "Les Déterminants De L'accès Aux Services De Santé À Grand Bassam", *European Scientific Journal, ESJ*, 14(6), p. 124.

76. Yanagisawa S., Sophal O., Ssusumu W. [2006], "Determinants of skilled birth attendance in rural Cambodia", Tropical medicine and international health, vol. 11, no 2, pp. 23-251. 11, no 2, pp. 238-251

77. Zoungrana (1993), Déterminants socio-économiques de l'utilisation des services de santé maternelle et infantile à Bamako (Mali), tese de doutoramento em demografia, Université de Montréal, 213p.

APÊNDICE

Tabela 18: Taxa de partos domiciliários nos diferentes distritos de SSD - Niakhar de 1983 a 2017.

NOMHAMEAU	NOMVILLAGE	Accouchem ent à domicile 1983_1987 en %	Accouchem ent à domicile 1988_1992 en %	Accouchem ent à domicile 1993_1997 en %	Accouchem ent à domicile 1998_2002 en %	Accouchem ent à domicile 2003_2007 en %	Accouchem ent à domicile 2013_2017 en %	Accouchem ent à domicile 2008_2012 en %	Accouchem ent à domicile 2017 en %
CENTRE	DAROU	88	100	57	80	58	12	68	0
CENTRE	DIOKOUL	89	89	92	81	81	55	71	50
CENTRE	KALOME NDOFANE	76	76	73	89	72	22	49	16
FELANE	KALOME NDOFANE	87	85	91	93	79	32	63	12
MBIND DIANA	KALOME NDOFANE	86	92	81	83	50	43	50	75
NDOFANE	KALOME NDOFANE	86	88	84	75	57	38	63	40
MBAFAYE	KALOME NDOFANE	86	100	60	43	88	0	25	0
NDIOBENE	KALOME NDOFANE	100	50	100	67	50	0	0	0
CENTRE	NGALAGNE	93	95	86	93	78	47	71	47

	KOP								
KHASSEME	NGALAGNE KOP	78	97	91	88	93	36	81	42
PIND TOK	NGALAGNE KOP	86	82	80	95	86	41	52	50
SOBEME	NGALAGNE KOP	89	100	88	94	94	53	69	33
GODAGUENE	NGALAGNE KOP	100	94	74	87	88	58	60	73
KHOUDOMBEDJ	NGALAGNE KOP	67	100	100	82	98	90	100	50
CENTRE	NGANE FISSEL	92	82	73	92	71	43	71	10
BADEME	NGANE FISSEL	85	72	91	93	53	43	71	60
TOK BILEB	NGANE FISSEL	82	88	76	83	64	33	32	33
HA PIND	NGANE FISSEL	85	100	88	83	63	50	45	33
CENTRE	NGAYOKHEME	25	100	100	0	33	0	0	0
MBIND PAMA	NGAYOKHEME	76	74	53	72	29	7	11	0
NDIOUDIOUF	NGAYOKHEME	87	88	87	100	87	35	76	33
NDIALO	NGAYOKHEME	85	93	80	86	74	54	68	55
MONEME	NGAYOKHEME	100	92	78	83	83	64	66	56
NGUILGANDANE	NGAYOKHEME	95	87	67	94	62	45	55	40

LEONA	NGAYOKHEME	81	85	79	89	78	23	23	18
NDIAYENE	NGAYOKHEME	67	59	61	89	67	9	32	23
MBONGAB	NGAYOKHEME	64	87	70	84	64	5	48	0
MBIND JAGA	NGAYOKHEME	100	100	83	94	100	30	50	100
CENTRE NGOTHIEME	SASS NDIAFADJI	94	93	88	81	60	30	34	29
NGODJILEME	SASS NDIAFADJI	92	86	80	78	67	47	51	38
NDIEDIENG NDIODIONE	SASS NDIAFADJI	93	92	88	86	62	32	70	25
NDOFENE	SASS NDIAFADJI	88	88	88	79	78	20	65	33
BAK MAK	SASS NDIAFADJI	100	100	100	100	67	25	67	0
MBIND BOURE	SASS NDIAFADJI	100	100	100	100	100	0	100	0
CENTRE	SOB	91	91	84	90	68	47	61	40
NDOFANE	SOB	94	94	80	87	83	42	70	0
PIND A KOP	SOB	82	100	100	100	70	60	80	0
BARY SINE	BARY NDONDOL	96	91	97	93	76	57	78	52
THIATHIAO	BARY NDONDOL	90	90	92	97	64	39	69	19

CENTRE	DATEL	100	94	95	90	94	66	86	25
DIAM DIOP	DATEL	100	96	100	87	91	62	78	40
PETHI GOR	DATEL	100	91	91	93	97	59	85	83
SOBEME	DATEL	95	100	97	94	88	79	90	69
TOK MBED	DATEL	100	100	95	100	87	90	91	80
NGANGAR	DATEL	70	100	92	73	92	40	56	33
SII MBONE	DATEL	100	100	86	94	81	77	90	75
CENTRE	LAMBANENE	87	80	97	90	85	33	78	32
DAME THIED	LAMBANENE	100	86	100	100	91	59	93	25
MBIND SIRA	LAMBANENE	88	73	94	89	67	60	80	50
NDIANGAYE	LAMBANENE	100	86	100	90	81	24	74	0
CENTRE	MBINONDAR	89	89	86	100	100	62	25	50
SINDIANKE	MBINONDAR	92	88	88	86	54	40	54	19
NDIALO DIALO	MBINONDAR	100	100	100	100	100	57	100	50
NGODJILEME	MBINONDAR	88	93	88	79	86	71	92	50
TOK NGOL	MBINONDAR	71	88	91	73	67	33	25	0
CENTRE	MBOYENE	92	92	98	89	76	87	84	67
MBOUR DIAK	MBOYENE	89	85	89	96	78	66	75	69
MBOYENE TOK	MBOYENE	100	88	86	88	88	79	86	88
CENTRE	NDOKH	88	77	95	91	64	47	69	64
NDOKH MBAD	NDOKH	92	94	93	83	72	66	85	64
PIND TOK	NDOKH	100	95	100	84	64	38	79	50

SANGAYE	NDOKH	85	75	93	93	92	53	57	40
CENTRE (PIND TOK)	NGANGARLAM	96	93	94	94	74	68	81	69
DOULEME	NGANGARLAM	95	94	90	91	83	62	82	30
KHAKHAL	NGANGARLAM	100	95	89	94	74	78	80	33
NDANG	NGANGARLAM	100	100	100	88	95	82	79	58
NDOFANE	NGANGARLAM	93	95	82	86	66	64	69	69
PETHI SAMBOUR	NGANGARLAM	89	95	95	94	64	45	77	71
PIND ALANG	NGANGARLAM	100	96	92	92	74	40	90	33
CENTRE	NGONINE	92	88	87	86	68	78	83	81
GADIAK	NGONINE	100	86	94	91	79	54	86	71
MBESS	NGONINE	92	90	89	89	81	58	73	68
SOBEME	NGONINE	89	95	96	92	80	59	69	29
DIFEME	POUDAYE	73	59	82	53	89	61	71	55
GATHI	POUDAYE	93	79	73	74	89	50	57	50
SASSAR MATOKHOL	POUDAYE	94	86	89	82	84	67	67	79
MBADATHIE	POUDAYE	53	85	86	96	83	80	69	33
NGAFOYE	POUDAYE	100	87	100	88	76	60	95	43
POUDAYE KAME	POUDAYE	93	80	67	91	70	86	62	100
SASSEME (TK)	POUDAYE	73	89	71	67	68	47	48	50
TOUNE	POUDAYE	89	95	70	86	89	71	79	50

CENTRE	TOUCAR	56	63	55	63	60	27	42	29
DAMONGAYE	TOUCAR	100	75	67	86	90	83	40	100
KAMA KAMA	TOUCAR	69	73	85	29	36	44	23	57
MBAP	TOUCAR	83	65	49	75	73	45	55	27
NDIAYENE	TOUCAR	76	69	76	75	76	38	64	43
NDIOUDIOUF	TOUCAR	87	88	93	82	84	53	61	33
NDOFANE	TOUCAR	75	71	25	69	79	47	43	100
NGANEME	TOUCAR	85	68	30	48	76	30	70	27
NGAOLEME	TOUCAR	53	65	82	59	77	33	31	0
NGOULANGUEME	TOUCAR	73	69	90	83	88	67	50	100
NIOLELEME-NENEM	TOUCAR	38	43	78	88	86	10	43	0
PIND TOK	TOUCAR	88	61	50	81	76	37	72	30
SANGAYE	TOUCAR	88	90	89	61	86	33	54	25
SASSEME	TOUCAR	95	42	67	74	98	47	46	67
TOK ASSONE	TOUCAR	50	71	29	83	89	38	53	100
TOK NGOL	TOUCAR	88	76	57	64	82	43	68	50
TONGOGNE	TOUCAR	71	76	62	54	87	44	62	58
WAGBAKH	TOUCAR	86	77	74	84	95	60	61	44
DJAN MBAL	TOUCAR	100	85	91	83	100	53	31	100
CENTRE	DAME	92	88	90	83	81	56	56	50

CENTRE(MARON EME)	DIOHINE	76	67	62	53	50	28	44	19
BOTE	DIOHINE	88	86	67	45	48	23	51	0
MBELO NGUITHE	DIOHINE	87	89	85	71	83	77	71	38
NDIENE	DIOHINE	93	77	57	58	45	35	61	20
POULANDERE	DIOHINE	89	69	82	60	69	42	58	17
SASSAR	DIOHINE	93	82	56	33	34	15	26	7
SASSEME	DIOHINE	87	76	66	65	39	22	24	25
THITAR	DIOHINE	91	92	74	77	50	27	34	14
CENTRE	GADIAK	96	81	97	93	81	78	76	57
MEME A KOP	GADIAK	95	84	85	82	76	65	74	57
DAFEME	GADIAK	90	90	85	84	78	70	75	36
DIFNA MBELONGOUD	GADIAK	77	84	88	76	80	74	76	81
MBEDIED	GADIAK	86	91	93	84	81	79	95	80
MBELO NGUITHE	GADIAK	94	80	84	75	84	84	89	93
NGASSIAK	GADIAK	94	90	93	76	92	62	82	69
MBALAK-DAROU SALAM	GADIAK	100	90	82	89	80	82	79	80
SOUNDANE	GADIAK	100	100	91	86	94	81	55	92
BAK SEK	GADIAK	100	100	100	100	100	100	83	0
DAKH ROG	GADIAK	85	96	95	83	86	72	83	100

MBOBONGA	GADIAK	75	86	67	82	100	80	93	75
CENTRE	GODEL	100	98	90	87	84	64	78	45
BAK NDIEKE	GODEL	82	88	88	85	69	55	96	33
HABADA	GODEL	83	75	85	79	90	83	88	100
MBEL FATAR	GODEL	97	95	77	67	72	64	74	83
MBEL PIL	GODEL	100	87	96	93	93	76	85	100
NENE KOR	GODEL	88	94	94	84	95	74	80	56
NGUERANE	GODEL	100	88	97	100	70	64	74	78
BAK WAGANE	KHASSOUS	86	95	85	81	82	23	68	0
KHASSOUS-DIEGNAK	KHASSOUS	100	73	76	75	57	63	71	75
KHASSOUS-THIEDO	KHASSOUS	95	86	82	83	79	73	70	82
MOURTALE	KHASSOUS	90	82	92	73	79	43	76	25
NGUELO-AMAK	KHASSOUS	93	90	93	94	88	55	86	56
NGUELO-ATEB	KHASSOUS	89	88	91	89	95	83	82	86
CENTRE	KOTHIOKH	91	98	87	78	77	68	77	64
BAK-MBANE	KOTHIOKH	95	93	91	88	66	47	72	40
NDOFO-MBOUDJ	KOTHIOKH	95	88	83	90	73	62	71	50
NENE-KOR	KOTHIOKH	88	93	93	91	97	57	72	50
NGUITH	KOTHIOKH	95	100	86	81	86	53	71	75
KALALE	KOTHIOKH	100	100	88	100	81	60	72	67

CENTRE	LEME	94	91	88	69	73	39	53	40
CENTRE(SINDIAN E)	LOGDIR	97	95	83	78	57	19	38	12
MBOUMI	LOGDIR	95	83	94	68	86	51	66	50
MONE	LOGDIR	92	95	82	58	75	21	63	0
SESSENE	LOGDIR	97	85	93	75	74	44	47	67
SOUBEME 1	LOGDIR	97	92	96	72	66	50	86	0
SOUBEME 2	LOGDIR	93	100	95	94	74	52	32	100
CENTRE	MEME	83	92	88	82	29	14	30	33
NDADAF	MEME	80	100	100	100	50	0	33	100
SOUBEME	MEME	100	100	80	70	70	23	33	0
CENTRE	MOKANE NGOUYE	93	80	76	88	79	39	41	33
NGUESSIAM	MOKANE NGOUYE	100	82	100	100	50	50	38	50
NDOUTKI	MOKANE NGOUYE	94	95	76	94	79	40	53	33
NGOUYE	MOKANE NGOUYE	100	88	50	88	86	22	88	50
TOUCARKE	MOKANE NGOUYE	86	95	90	100	67	55	39	25
CENTRE(SASSEM E)	NGARDIAME	95	89	68	65	64	48	62	25

KAMSATE	NGARDIAME	94	97	86	100	81	56	62	33
NGANEME	NGARDIAME	88	89	100	91	82	68	85	75
PIND TOK	NGARDIAME	96	75	95	70	79	43	79	0
TOK AKAL	NGARDIAME	90	94	71	88	71	53	72	0
CENTRE(MBAFA YE)	POULTOK DIOHINE	100	92	95	86	91	43	67	25
MBALEME	POULTOK DIOHINE	100	94	91	74	47	50	67	50
NDIODIONE	POULTOK DIOHINE	100	79	89	73	71	50	54	0
NGODJILEME	POULTOK DIOHINE	100	93	90	88	88	40	75	0
SESSENE	POULTOK DIOHINE	93	88	88	76	70	42	60	28
TOK GOL	POULTOK DIOHINE	90	88	92	79	85	51	64	56

Tabela 19: Descrição da não utilização de assistência médica no parto de acordo com o estado civil da mulher.

Estado civil	centro de saúde	concessão	Total	% parto domiciliário	% de parto assistido
Individual	493	125	618	20	80
divorciado	5	1	6	17	83
noiva	2358	1177	3535	33	67
Total	2856	1303	4159	31	69
Probabilidade do qui-quadrado		Pearson chi2(2) = 42,3625 Pr = 0,000			

Tabela 20: Descrição da não utilização de assistência médica no parto de acordo com o número de consultas pré-natais.

número de NPCs	centro de saúde	Concessão	Total	% parto domiciliário	% de parto assistido
[Menor ou igual a 2	438	525	963	55	45
[Maior ou igual a 3	2968	991	3959	25	75
Total	3406	1516	4922	31	69
Probabilidade do qui-quadrado		Pearson chi2(1) = 315,9572 Pr = 0,000			

Fontes de dados : Base de dados Niakhar e cálculos do autor.

Quadro 21: Descrição da não utilização de assistência médica no parto, por idade da mulher.

Grupo etário	centro de saúde	concessão	Total	% parto domiciliário	% de parto assistido
[<=20]	483	107	590	18	82
[20-34]	2223	996	3219	31	69
[35-49]	687	407	1094	37	63
Total	3393	1510	4903	31	69
Probabilidade do qui-quadrado	Pearson chi2(2) = 65,4747 Pr = 0,000				

Fontes de dados : Base de dados Niakhar e cálculos do autor.

Quadro 22: Descrição da não utilização de assistência médica no parto, por paridade atingida.

Paridade alcançada	centro de saúde	Concessão	Total	% parto domiciliário	%parto assistido
1	566	123	689	18	82
[2-3]	818	360	1178	31	69
[4+]	1747	988	2735	36	64
Total	3131	1471	4602	32	68

Probabilidade do qui-quadrado	Pearson chi2(2) = 85,9300 Pr = 0,000

Fontes de dados : Base de dados Niakhar e cálculos do autor.

Quadro 23: Descrição da não utilização de assistência médica no parto, por situação económica.

Situação económica	centro de saúde	Concessão	Total	% parto domiciliário	% de parto assistido
Pobres	2270	1165	3435	34	66
Médio	479	140	619	23	77
Rico	657	211	868	24	76
Total	3406	1516	4922	31	69
Probabilidade do qui-quadrado	Pearson chi2(2) = 52,2502 Pr = 0,000				

Fontes de dados : Base de dados Niakhar e cálculos do autor.

Quadro 24: Descrição da não utilização de assistência médica no parto, por nível de escolaridade da mulher.

Nível de educação	centro de saúde	Concessão	Total	% parto domiciliário	% de parto assistido
primário	569	212	781	27	73
meios secundários	464	73	537	14	86
Alcorão	112	51	163	31	69
universidade	14	3	17	18	82
Não inscrito	2238	1177	3415	34	66
Total	3406	1516	4922	31	69
Probabilidade do qui-quadrado	Pearson chi2(8) = 111,7378 Pr = 0,000				

Fontes de dados : Base de dados Niakhar e cálculos do autor.

Quadro 25: Descrição da não utilização de assistência médica durante o parto, por casta.

Casta	centro de saúde	Concessão	Total	% parto domiciliário	% de parto assistido
Agricultores	2829	1314	4143	32	68
DB Tiedo	193	42	235	18	82
dep DB	118	60	178	34	66
Griots	138	63	201	31	69
Artesãos	20	6	26	23	77

não apertado	30	5	35	14	86
desconhecido	78	26	104	25	75
Total	3406	1516	4922	31	69
Probabilidade do qui-quadrado	Pearson chi2(6) = 27,6397 Pr = 0,000				

Fontes de dados : Base de dados Niakhar e cálculos do autor.

Printed by Books on Demand GmbH, Norderstedt / Germany